신들의 나라, 인간의 땅

고진하의 우파니샤드 기행

고진하의 우파니샤드 기행
신들의 나라, 인간의 땅

1판 1쇄 인쇄 2009년 2월 23일 **1판 3쇄 발행** 2017년 9월 11일

글과 사진 고진하
펴낸이 김강유
편집 이승희

발행처 김영사
주소 경기도 파주시 문발로 197(문발동) 우편번호 10881
등록 1979년 5월 17일 (제406-2003-036호)
주문 및 문의 전화 031)955-3200 팩스 031)955-3111
편집부 전화 02)3668-3292 팩스 02)745-4827 **전자우편** literature@gimmyoung.com
비채 카페 cafe.naver.com/vichebooks **인스타그램** @drviche
트위터 @vichebook 페이스북 facebook.com/vichebook 카카오톡 @비채책

ISBN 978-89-92036-80-1   03810 책값은 뒤표지에 있습니다.

비채는 김영사의 문학 브랜드입니다.

신들의 나라, 인간의 땅

고진하의 우파니샤드 기행

글과 사진 **고진하**

비채

종교의 경계를 넘어 광활한 영성의 바다에서
자유로운 영혼으로 유영하며 살 수 있도록 이끌어주신
고(故) 변선환 선생님께 바칩니다.

|작가의 말|

인도 여행이 내 인생의 한 변곡점이 될 줄은 몰랐다.

나는 낯선 풍경 속으로 나를 밀어 넣으며 그 풍경과 포개지는 인도의 고원한 정신세계에 깊이 매혹되었다. 가벼운 행낭으로 느릿느릿 풍경들을 찾아가는 길 위에서 시간은 가끔씩 멈추었고 그렇게 멈춰진 시간 속에서 나는 살아 있음의 황홀에 홀로 떨었다. 숲, 강, 대지, 하늘 그리고 길 위에서 만난 사람들, 야생동물들, 심지어 바람에 흔들리는 나뭇잎에도 성스런 신의 지문이 찍혀 있는 것 같았다. 그렇게 풍경의 신비와 마주치는 순간마다 나는 형언할 수 없는 경이로움에 사로잡혔고, 결국 내 인생은 불멸의 참자아를 찾아가는 영원한 순례에 다름 아니라는 것을 확연히 깨달았다.

사실 나는 사십대 초반부터 인도에 관심이 많았다. 내 몸이 곧 성스런 신의 사원이며, 내 존재가 불멸의 보석이라는 것을 알게 된 것도 인도 경전을 종종 읽은 덕분이었다. 물론 팔팔한 청년 시절부터 기독교 신비주의에 맛들이고 있었기에 그런 사유가 전혀 새로운 것은 아니었지만 인도적 사유의 샛노란 고갱이를 맛보는 동안 내 영적 미각은 아, 그래 바로 이 맛이야! 하며 그 깊은 맛 속으로 빠져들었다.

고갱이만 씹고 또 씹다 보니 그 고갱이를 여물게 한 시퍼런 잎사귀며 뿌리를 맛보고 그것을 키운 풋풋한 흙냄새도 맡고 싶었다. 아열대의 뜨거운 태양과 가없는 대평원, 그 대평원을 가로지르며 유장하게 흐르는 어머니 갠지스의 젖가슴에도 입맞추고 싶었다. 인도의 숱한 사원과 성지를 찾아 영혼의 목마름을 해갈하는 순례자들의 영적인 갈망과 그 숨결도 가까이서 느끼고 싶었다.

인도만 생각하면 가슴이 뛰었다. 그리하여 2002년 겨울이었던가, 나는 마침내 뜀뛰는 가슴을 억누르며 처음으로 인도행 티켓을 끊었다.

그렇게 길을 트고 나서, 지난해에만 나는 세 번째로 인도 땅을 밟기 위해 훌쩍 떠나고 있었다. 탑승 전 공항에서 친구에게 전화를 넣었더니, 그는 약간 놀리는 투로 대꾸했다.

"인도에 미쳤군. 이젠 기독교의 울타리도 벗어나 훨훨 날아가려는 모양이지?"

이번에는 인도를 보다 깊이 체험하고 싶어 여행 기간도 훨씬 길게 잡은 터였으니 친구의 그런 반응도 어쩌면 당연한 것이었다. 인도의 신화와 종교, 사원, 자연, 그리고 사람들의 삶 속으로 스며들어 인도의 영성이랄까 그 뿌리를 더듬어보고 싶었다. 배낭엔 당연히 그동안 내가 맛 들여 읽어온 《우파니샤드》도 챙겨두고 있었다. 아무튼 친구의 말처럼 인도에 미쳐 있는 건 부인할 수 없는 사실이었다.

그러나 아무리 내가 인도에 미쳐 있어도 친구의 말처럼 새삼스레 '기독교의 울타리'를 벗어나 훨훨 날고자 함은 아니었다. 사실 오래전부터 기독교의 울타리를 벗어나 있었는지도 모른다. 영원한 자유혼 예수의 피를 수혈 받은 나는 더 이상 제도종교의 좁은 틀에 갇힐 수 없었던 것이다. 나는 새처럼 자유로운 영혼이었다. 그렇지만 친구에게 전화로 이런 얘기를 미주알고주알 주절거리고 싶지 않았다. 그래서 나는 친구에게 딱 한 마디만 건네고 작별을 고했다.

"난 여전히 구수한 된장국을 좋아하지만 톡 쏘는 인도 카레도 좋아하거든!"

그렇다. 난 여전히 기독교인으로, 기독교 목사로 예수의 가르침을 꿀처럼 달게 받아먹고 살지만, 인도 시골의 허름한 식당에서 나뭇잎접시에 담아주는 카레를 손으로 잘 비벼먹었던 것처럼 고풍스런 사원 주위를 어슬렁거리며 인도인의 오랜 영적 지혜를 받아먹으며 되새김질하는 것도 좋아했다. 고대의 지혜 속으로 잠수하는 일이야말로 더할 나위 없는 즐거움이 아니던가.

기왕 먹는 얘기가 나왔으니 말이지만 사실 나는 그동안 영적인 식성에 있어서 '미식가'였다. 삼십대엔 성서와 더불어 노자와 장자를 탐닉했고, 사십대부터는 명상요가에 관심을 갖고 《바가바드기타》를 접한 뒤 자연스레 《우파니샤드》에 맛을 들였다. 인도의 종교와 철학은 물론 인류의 신비주의적 영성철학에 젖줄 역할을 해온 《우파니샤드》는 읽으면 읽을수록 그 깊은 맛으로 나를 매혹시켰다.

날 이해하지 못하는 완고한 이들은 이런 내 식성을 두고 '범신론자'니 어쩌니 하는 말을 서슴지 않는다. 아, 정말 그런 말을 하는 이들을 보면 답답하고 속이 터질 것 같지만, 꾹꾹 눌러 참곤 한다. 참아야 참에 이를 수 있다지 않은가. 종교란 게 뭔가. 이 지구별 위의 형식이 아닌가. 내가 시로도 이미 발표한 적이 있지만, 범신론이든 유일신론이든 무신론이든 그 '一論' 자 붙은 것들이 모두 논하기를 좋아하는 이들이 만든 어떤 그물 같은 것이 아니던가. 내가 온몸으로 만난 우주의 주재인 하느님이 그런 그물 속에 갇혀 계시겠는가. 그분이 뭐 참새나 쏘가리라도 된단 말인가. 그 쫀쫀하고 답답한 틀을 깨뜨리고 인간들이 쳐놓은 숱한 울타리를 걷어내기 위해 예수는 십자가 형틀에 자청하듯 매달려 죽었고, 붓다 같은 이는 부귀영화가 보장된 왕좌를 걷어차고 고행의 길을 나섰던 것이 아니겠는가. 그래서 그분들이 남긴 가르침을 '으뜸의 가르침宗敎'이라 하지 않던가.

나의 인도행은 '으뜸의 가르침'의 고갱이를 온몸으로 만나고자 하는 발품 외에 다름아니다. 발바닥이 부르트도록 인도 땅을 돌아다니며 활자로만 읽던 으뜸의 가르침《우파니샤드》를 싱싱하게 살아 있는 풍경으로 읽고 내면화할 수 있었다. 활자와 풍경이 내 안에서 포개질 때 나는 '앎'의 즐거움을 얻을 수 있었고, 활자와 풍경이 포개지지 않고 어긋날 때도 '모름'의 신비 앞에 내 가슴을 닫지 않았다. 가슴을 닫지 않음으로 나는 거대한 인도대륙에 주눅 들지 않고 '앎'과 '모름' 사이의 그네뛰기를 즐기며 여행을 계속할 수 있었다. 이 책은 그 땜내 나는 발품의 작은 결실이다.

여행기 형식을 띠고 있는 이 책은, 그러나 단순한 여행기는 아니다. 히말라야보다 더 높고 벵골만보다 더 깊은 인도의 심원한 정신세계를 탐구하고자 하는, 〈우파니샤드 기행〉이라 이름 붙인 순례였다. 그동안 나는 다섯 번이나 되는 인도 방문에서 주로 네팔을 포함한 인도 북부 지방과 서벵골지역, 힌두교 사원이 많은 오리사주를 여행했다. 지난겨울 여행 때는 이리저리 싸돌아다니기를 멈추고 딸이 조각을 공부하고 있는 벵골지역의 한 대학 부근에 둥지를 틀었다. 한 곳에 오래 머물며 사람들의 삶을 깊게 들여다보고 싶었기 때문이다.

어느 날 아름드리나무들이 울창하게 우거진 대학로를 어슬렁거리는데, 학교 기숙사 외벽에 붙어 있는 테라코타 하나가 눈에 띄었다. 아, 그것은 스승의 발아래 제자가 다소곳이 앉아 있는 모습을 담은 테라코타였다. 나는 그것을 보고 무척 반가웠다. 《우파니샤드》가 떠올랐기 때문이었다. '우파니샤드'란 말에는 '가까이^{upa}' '아래로^{ni}' '앉는다^{sad}'는 뜻이 담겨 있다. 그러니까 우파니샤드는 스승이 아끼는 제자를 무릎이 닿도록 가까이 앉히고 은밀히 전해주는 지혜인 것이다. 그 테라코타에 반가운 눈길을 던지고 있는데, 문득 이런 음성이 들렸다.

"그대 안에 다 있는데, 왜 바깥 풍경만 기웃거리느냐?"

돌이켜보면, 인도에서 만난 풍경들, 예컨대 사원들, 신상들, 거리에서 마주친 수행자들, 바울이라 불리는 음유시인들, 시골의 농부들 그리고 어슬렁거리는 소와 야생의 개들조차 우파니샤드와 더 친숙해지도록 나를 이끌어주었다. 그날 테라코타를 마주하고 난 뒤에 그 같은 만남의 배후에 숨어 있는 내 영혼의 스승의 속삭임을 더욱 또렷이 들을 수 있었다. 우주 만물 속에는 불멸의 신성이 살아계시고, 내 안에도 신성의 불꽃이 타오르고 있다는 것을! 사실 이것은 우파니샤드가 가르치는 영적 지혜의 핵심이기도 하다. 내가 지금까지 알아온 예수의 가르침도 이와 크게 다르지 않다.

따라서 나는 이제 말할 수 있다. 여러 강들이 끝내 하나의 바다에 이르는 것처럼 내가 의탁해온 기독교라는 강줄기가 당도해야 할 궁극의 바다가 어디인지를! 나는 《우파니샤드》를 읽으며 영성의 광활한 바다에 진입하는 희열을 맛보았고, 내가 믿어온 하느님이 바로 내 존재의 심연에 닻을 내리고 계신다는 것도 알게 되었다. 내 안에 살아 있는 '불멸의 신성, 아트만'을 아는 것과 예수의 삶과 가르침을 통해 '하느님의 아들'임을 자각하는 것이 서로 다르지 않다는 것도. 하여간 나는 이 여정을 통해 내 영혼의 스승인 예수를 더욱 사랑하게 되었고, 기독교 영성에 대한 이해도 더 풍부해졌다고 고백하고 싶다.

나는 이 책을 쓰며, 《우파니샤드》를 처음 읽는 이들을 위해 되도록이면 쉽게 풀어쓰려고 노력했다. 내가 인도를 여행하며 마주쳤던 풍경들도 《우파니샤드》의 이해에 도움을 줄 것이다. 그리고 우파니샤드의 여러 주제들을 풀어나가면서 기독교 사상과 견주어보기도 했는데, 그것 역시 우파니샤드의 이해를 돕기 위한 것일 뿐이다. 그래서 나는 두 사상의 차이에 주목하기보다는 그 동일성에 초점을 맞추었다.

마지막으로 나는 이 책을 쓰는 과정에서 여러 길동무에게 사랑의 빚을 졌다. 인도 여행에서 만난 이름을 다 밝힐 수 없는 숱한 인연들이 그러하고, 《우파니샤드》라는 이 위대한 보석의 가치를 미리 알아보고 보석세공사처럼 그것을 갈고 닦아온 수많은 선구자들의 노고 덕분에 그것에 더 깊이 다가설 수 있었다. 그렇게 길동무가 되어주었던 책들은 뒤에 따로 목록을 만들어 두었다. 기행 형식을 띤 글이라 참고한 책들을 본문 속에서 자세히 언급하는 대신 말미에 따로 정리해 두었음을 밝힌다. 이 자리를 빌어서 두루 고마운 인사를 올린다. 창조적이고 멋진 기획으로 기행의 즐거움을 누리게 해주고, 마음공부의 계기를 마련해준 비채 편집부에도 심심한 감사를 올린다. 샨티 샨티 샨티!

2008년 겨울
치악산 母月山房에서
고진하

|차례|

작가의 말 • 6

1 왜 신이 아닌 척하느냐?
불멸의 신성, 참자아를 찾아서

해에 씻긴 지구의 혼들 • 19
자간너트 사원에서 • 23
가까이 하기엔 너무 먼 당신 • 29
당신은 브라흐만의 집 • 32
왜 신이 아닌 척하느냐 • 38

2 뿌리를 찾아가는 여정
만물의 뿌리, 유일신 브라흐만

타고르가 명상하던 숲을 찾아서 • 47
당신은 붓다의 제자인가 • 51
릭샤왈라 카틱과 함께 • 55
거꾸로 선 나무 • 59
존재 · 지성 · 무한 • 62
모름을 머금은 아이처럼 • 67

3 내 안에 있는 신성의 불꽃
소중한 참자아, 아트만

나마스카! • 73
값없는 것이 귀하다 • 77
숨, 감각의 주인 • 79
불멸의 신비 • 82
내 영혼은 창조되던 날만큼 젊다 • 88

4 이름 붙일 수 없는 큰 물건이 되라
범아일여(梵我一如), 브라흐만과 아트만은 하나

소 숭배는 현재진행형? • 97
가르쳐질 수 없는 것을 배우다 • 105
브라흐만과 아트만은 하나 • 108
물속에 녹아 있는 소금처럼 • 111
강이라는 이름을 버리고 바다와 하나가 되라 • 113

5 나는 춤추는 평화의 시바
세상은 덧없는 환영(MAYA)인가

신에게 미친 음유시인들 • 119
노래하는 노래새 • 123
마야의 세상에서 • 127
땅에 날개가 닿지 않는 새처럼 • 130
나뭇잎 접시에 황홀한 음악을 담아 • 135

6 꿈을 깨고 신의 사원에 들라
죽음으로부터 불멸로

어머니 갠지스 강가에서 • 143
죽음의 왕 야마의 가르침 • 148
왜 죽음을 두려워하는가 • 152
불멸의 대양으로 인도하는 돛 • 155

7 내버림의 지혜를 가지라
금욕이 주는 황홀

바람 따라 구름 따라 • 167
금욕의 황홀을 즐겨라 • 173
울면서 온 생을 웃으면서 떠나고 싶은가 • 177
어둠의 성자, 마더 테레사 • 181

8 신의 지혜라는 불로 얽매임을 태우라
해탈의 행복

알몸의 사두 • 189
불의 정화의식 • 193
허탈에서 해탈로 가는 여정 • 197
신의 지혜라는 불로 모든 얽매임을 태우라 • 202

9 신을 팝니다!
종교의 세속화를 경계함

비슈누, 가네샤, 칼리 팝니다 • 207
신에게 값을 매기지 말라 • 214
거룩한 삶에 대한 공경 • 218
가장 위대한 구절 • 222

10 백 년 가을을 살아라
윤회에 마침표 찍기

랄반 호수에서 • 227
빨래하는 불가촉천민들 • 231
윤회의 쳇바퀴를 벗어나는 길 • 238
업(業)의 씨 없는 존재 • 242
암베드카르와 마하트마 간디 • 246

11 태양과 만물 사이에는 사이가 없다
행위의 결과에 집착하지 말라

태양사원을 찾아서 • 255
수리아에 점화된 생명의 원리 • 264
행위의 결과에 집착하지 말라 • 267
자비보다 무심이 낫다 • 272

12 모든 굴레로부터 마음을 해방하라
내 영혼의 광휘를 일깨우는 요가

영성의 꿀을 채집하는 수행자 • 279
나는 누구인가? • 282
물질적 자아, 불멸의 자아 • 285
마음의 요정을 다스리는 기술 • 289
반딧불이는 폭풍에도 빛을 잃지 않는다 • 294

책에 나오는 신들과 주요 용어 해설 • 300
참고 문헌 • 302

1

왜 신이 아닌 척하느냐?

불멸의 신성, 참자아를 찾아서

변하는 것들의 세상에
모든 것은 신神으로 덮여 있도다.
이샤 우파니샤드

해에 씻긴 지구의 혼들

그냥 길 떠나는 여행이 아니야, 순례巡禮야.

나는 신발 끈을 조여 매고 배낭을 등에 지고 길을 나서며 그렇게 중얼거렸다. 가없는 지평선 위로 표표히 내달리는, 숱한 사람들로 북적이며 시큼시큼하고 구리구리한 땅 냄새가 진동을 하는 기차를 타고 가면서도, 그래, 이건 순례야. 단지 복작거리는 사람 구경이나 하러 가는 게 아니야. 신상들이 담긴 기념품이나 몇 점 사고 고색창연한 사원 앞에서 사진이나 몇 장 찍으러 가는 게 아니야. 내 안의 사원, 묘묘한 영혼의 풍경을 만나러 가는 거야. 그래, 순례는 어쩌면 영적 삶의 어머니 자궁 속으로 들어가는 일이지. 그 자궁 속으로 들어가 새로운 존재로 다시 태어나는 일이지.

혹자는 빈정거리겠지요. 웬 귀신 씨나락 까먹는 소리냐고! 나는 그런 빈정거림도 이해할 수 있다. 신이니 초월이니 하는 것을 강 건너 불처럼 여기는 비속#⿰의 시대니까. 그렇긴 하지만, 인도 땅엔 여전히 신이니 초월이니 하는 현상이 현재진행형이 아니던가. 3억 3000만의 신과 여신들이 사람들의 심장마다 시퍼렇게 살아 뜀뛰고 있다지 않은가.

인도의 사원들은 흔히 '여울(타르타)'이라 불린다. 일상적인 경험의 이 세상과 신성한 영역 브라흐만 사이의 여울이 되기 때문이다. 순례자들은 신을 모신 성소 즉 차안과 피안 사이에 흐르는 여울이 성스러운 힘을 지니고 있다고 생각한다. 따라서 그들은 성스러운 힘을 지닌 사원을 순례하며 영혼의 고양을 꾀하는 것이다. 사원은 또한 '놀라운 기쁨이 나타나는 곳'이란 뜻인 '프라사다'라고 불리기도 한다. 사원을 순례하는 중에 영혼이 고양되는 경험을 할 수 있다면, 그 어찌 놀라운 기쁨이 아니겠는가.

지난 정월이었다.

힌두교 사원이 많다는 인도의 4대 성지 가운데 하나인 오리사 주의 푸리에 당도한 것은 어슴새벽이었다. 오리사 주는 유난히 힌두교 사원이 많아 '인도의 영혼'으로 불린다. 캘커타에서 밤새 기차를 타고 와 푸리 역에 내리니, 비릿비릿한 바다 냄새가 물씬 풍겨왔다. 내륙을 주로 돌아다니다 비린 바다 냄새를 맡으니 고향에라도 온 듯 정겨웠다. 그동안 한국에서 지낼 때 오랜 세월 바닷가에 터를 잡고 살았기 때문일 것이다.

나는 탁 트인 바다가 잘 보이는 곳에 허름한 숙소를 잡아 짐을 풀

물에 씻긴 고운 얼굴들, 해에 씻긴 지구의 혼들
저 물의 사원, 저 해의 사원에 더러워진 몸과 혼을 자주 내어맡기지 않는다면
나를 비롯한 이 지구별의 혼들이 어찌 해맑아질 수 있겠는가

✴ 푸리 해변의 일출

고, 서둘러 푸리 해변으로 나갔다. 바다는 자욱한 운무에 싸여 있었다. 운무 때문에 장엄한 일출은 볼 수 없었지만 희끄무레 여명이 깔리는 바닷물에 옷을 입은 채 몸을 담그고 자신들의 영혼을 정화하는 순례자들의 모습이 영묘한 감동으로 다가왔다.

워낙 넓은 인도 땅이라 내륙에서 온 순례자들 가운데는 바다를 처음 본 이들도 있을 것 같았다. 새벽이라 바닷물이 차가운데도 사내들은 웃통을 벗고 팬티만 입은 채 물로 뛰어들었고, 아낙네들은 치렁치렁한 사리를 걸친 채로 바닷물에 몸을 던졌다. 가없는 수평선 위로 빛의 물방울이 되어 뒹구는 태양신 수리아의 품에 안기고 싶었던 것일까. 아이들도 물가에서 빛의 공처럼 둥글게 둥글게 밀려오는 파도를 차고 놀며 싱싱한 웃음을 터뜨렸다.

물에 씻긴 고운 얼굴들, 해에 씻긴 지구의 혼들!
나는 그들처럼 찬 바닷물에 몸을 담글 엄두는 못 내고 물가에 쭈그리고 앉아 손과 발을 씻으며 여기 또한 우주 어머니의 자궁이구나, 사원이구나 하는 생각에 사무쳤다. 범신론자는 아니지만, 때로 영혼의 기갈에 시달릴 때면 저 대자연을 신성이 깃든 사원으로 여기고 그 품에 안기곤 했다. 그래, 저 물의 사원, 저 해의 사원에 더러워진 몸과 혼을 자주 내어맡기지 않는다면 나를 비롯한 이 지구별의 혼들이 어찌 해맑아질 수 있겠는가.

자간너트 사원에서

늦은 아침은 바닷가 포장마차에서 샌드위치 한 조각과 짜이 한 잔으로 간단히 때웠다. 그리고 털털거리는 오토릭샤를 타고 인도의 가장 큰 사원 가운데 하나로 알려진 자간너트 사원으로 향했다. 아직 사원이 보이지 않는데 순례자들의 모습이 점점 더 많이 눈에 띄었다. 이십여 분쯤 달렸을까. 도시의 좁은 골목길을 돌고 돌아 넓은 거리로 나서자 까마득한 높이의 우뚝 솟은 사원 탑이 눈앞에 위용을 드러냈다.

무슨 축제가 열리는 기간이 아님에도 불구하고 자간너트 사원 앞 넓은 거리는 무수한 순례자들로 복작거렸다. 사원 정문 앞은 발 디딜 틈이 없었다. 나 같은 외국인 순례자들은 드물고, 대부분 힌두교인 순례자들인 것 같았다. 힌두교인들은 이 사원을 순례하는 것을 필생의 소원으로 삼는다고 한다.

힌두교 신들의 이름을 줄줄이 꿰고 있었건만, '자간너트' 라는 신의 이름은 낯설었다. 잘 알려진 비슈누 신이나 시바 신의 경우에도 인도의 지방마다 부르는 별칭이 있어 헷갈리는 경우가 많은데 처음 자간너트라는 이름을 듣고 혹 이 지역의 토착신은 아닌가 생각했다. 나중에 신화 책을 뒤져보니, 내 추측이 틀리지 않았다.

본래 이 지역의 토착 신이었던 자간너트는 세월이 흐른 뒤 비슈누의 화신化身으로 바뀌었다. 혹자는 크리슈나의 화신으로 보기도 한

단다. '우주의 주인'이라는 이름의 뜻을 갖고 있는 자간너트에 관해서는 이런 흥미로운 이야기가 전해져 오고 있다.

크리슈나가 죽은 후, 그 유골이 오리사의 왕이었던 인드라듐나에게 전해졌다. 왕은 그 성스러운 유골을 취하고, 목제로 된 크리슈나 상을 만들려는 생각에서 뛰어난 신상神像 제작자인 비쉬바카르만을 불렀다.

"그대는 뛰어난 목수라고 들었소. 나에게 크리슈나 상을 만들어 줄 수 있겠소?"

비쉬바카르만은 승낙하면서 하나의 조건을 붙였다.

"왕이시여, 제가 이 크리슈나 상을 완성하기까지 그 누구도 이 상을 보려고 해서는 안 됩니다."

하지만 금지는 사람의 마음에 더 큰 궁금증을 불러일으키는 법. 왕은 비쉬바카르만과의 약속을 깨뜨리고 말았다. 어느 날 호기심을 참지 못한 왕은 방문 틈으로 살짝 안을 훔쳐본 것이다.

그 순간, 비쉬바카르만은 어디론가 사라지고 미완성의 크리슈나 상만 남게 되었다. 그리하여 지금까지도 자간너트 상에는 손과 발이 없게 되었다고 한다.

손과 발이 없다면 불구의 신상이 아니던가. 완전성의 상징인 신이 어떻게 불구의 몸을 가질 수 있단 말인가. 나는 짓궂게도 그 불구의 신상이 보고 싶어졌다. 하지만 자간너트 사원은 힌두교인 외에는

* 둥엉반 걸린 자간너트 가족 신

출입이 허용되지 않았다. 종교마다 배타적인 면이 있다더니 힌두교 역시 예외가 아닌 것일까. 힌두교의 종교적 우월의식이 그런 배타적 태도를 낳은 것일까. 나는 좀 약이 올라 힌두교인임을 입증하는 붉은 색 빈두라도 이마에 찍고 들어가 볼까 하다가 그만 두었다. 나중에 기념품 가게에서 파는 그림을 통해 자간너트 신상을 볼 수밖에 없었다. 무척 아쉬웠다. 그걸 보려고 꼬박 12시간 밤기차를 타고 왔건만 그냥 발길을 돌릴 수밖에 없었다.

나는 출입구 옆에 서서 이마에 빈두를 찍은 힌두교인들이 줄을 지어 입장하는 모습을 지켜보았다. 그들은 모두 맨발이었다. 사원에 들어가기 위해서는 모두 신발을 벗어야 하는 모양이었다. 신발을 벗는 것은 세속世俗과의 단절을 의미한다던가. 나중에 보니, 출입구 옆에는 흙먼지로 덮인 신발들이 켜켜이 쌓여 있었다. 그렇게 신발을 벗고 나서 입장권을 산 순례자들은 출입구 앞에 있는 수돗가에 서서 기다리다가 자기 순서가 되면 수돗물에 손과 발을 씻었다. 무더운 날씨에 여러 시간씩 줄을 서서 그렇게 스스로를 정화하는 모습에 가슴이 뭉클해졌다. 신을 모신 성전이나 사원으로 들어갈 때 나 자신 저렇게 지극한 정성을 들인 적이 있었던가.

사원 안으로 들어가지 못하는 아쉬움을 달래기 위해 탑돌이를 하듯 사원 둘레를 천천히 한 바퀴 돌기로 했다. 모름지기 탑돌이를 하는 자의 마음은 경건해야 하거늘 무더위에 지치고 복작대는 순례자들 틈에서 마음을 그렇게 추스르는 게 쉽지 않았다. 하여간 그렇게 사원 둘레를 돌면서 하늘을 찌를 듯 우뚝 솟아 있는 사원의 탑신만은 가까이서 볼 수 있었다. 저거나 보고 만족하지 뭐! 탑의 높이는 무려 56미터. 화이트 파고다$^{White\ Pagodha}$라고 불리는 자간너트 사원. 회칠을 했는지 그 흰 빛이 유난히 눈부셨다.

사원 둘레를 돌며 보는 사원 밖의 풍경도 좋은 눈요기거리였다. 사원의 높은 담 아래 진을 치고 신에게 바쳐질 꽃을 파는 이들, 신상이 그려진 기념품을 파는 이들, 차와 음식과 야채 따위를 파는 장사꾼들, 웃통을 벗어부친 채 벌거벗은 몸으로 손을 내미는 걸인들 그리고 사원 담장 아래 너저분하게 버려진 쓰레기더미를 뒤지는 소와 개와 염소, 돼지 등의 짐승들까지 온통 북새통을 이루고 있었다.

주황색 가사에 삼지창을 지팡이 삼아 손에 들고 달팽이걸음으로 느릿느릿 사원 주위를 배회하는, 사두처럼 보이는 사람들도 더러 눈에 띄었다. 캄캄한 밤에 그런 차림의 사람을 만났더라면 좀 섬뜩했을 것이다.

자간너트 사원 밖에도 작은 사당들이 있었다. 나는 한 사당에서 주신^{主神}인 자간너트 신과 그 남동생인 검은 얼굴의 발라람, 누이인 수바드라가 나란히 모셔져 있는 것을 보았다. 그러니까 자간너트 사원에는 세 분의 신을 모신다는 걸 알 수 있었다. 자간너트 신의 형제들은 얼굴만 제외하고 형형색색의 꽃과 과일 장식에 싸여 있었다. 신들에 대한 공경의 마음을 화려한 꽃과 과일로 표현한 것이리라. 인도의 한 사원에 모셔진 여신을 본 서정주 시인이 "이건 여자도 남자도 아닌 신이라고 하지만, 누구의 육안에나 그건 여자라도 아주 그들은 모두 맨발이었다.

신발을 벗는 것은 세속(世俗)과의 단절을 의미한다던가.
신발을 벗고 나서 입장권을 산 순례자들은 출입구 앞에 있는 수돗가에 서서 기다리다가 자기 순서가 되면 수돗물에 손과 발을 씻었다.

❋ 자간너트 사원으로 몰려드는 순례자들

이쁜 여자로서, 그 두 눈썹 사이에는 가느다란 핏빛 초생달이 떠오르고 있다"고 찬탄했듯이, 인도에 와서 본 숱한 신들은 여신이든 남신이든 모두 그런 화사한 자태로 사람들을 매혹하고 있었다.

작은 사당에도 사당지기가 있어 꽃과 돈을 지니고 나와 엎드리는 순례자들을 맞이하여 그들의 소원을 신에게 빌어주었다. 저들은 신 앞에 무엇을 비는 것일까. 사당 앞에 서서 자기 차례를 기다리는 남루해 보이는 옷차림의 아낙들도 모두 손에 붉은 꽃이나 황금색 꽃을 들고 있었다. 자기들의 생이 꽃처럼 피어나기를 갈구하고 있는 것일까.

가까이 하기엔 너무 먼 당신

인도는 과연 신들의 나라였다. 저 웅장한 사원 안에 안치된 신들을 경배하기 위해 끝없이 밀려드는 순례자의 행렬이 그걸 웅변하고 있었다.

인도의 신들은 사람들의 삶에 자연스레 스며들어 그들 삶의 일부를 이루고 있는 것 같았다. 그동안 인도에 와서 숱한 신들을 볼 때마다 그들은 지극히 인간적인 모습을 하고 있었다. 신들은 서로 사랑하기도 하고 미워하기도 하며, 때로는 인간을 연인으로 삼기도 하고 파멸에 이르게 하기도 한다. 신들은 인간의 다정한 벗이 되어 고통스런 삶에 위안을 주기도 하고, 자기들끼리 서로 대적하여 싸울 때는 인간들보다 더 추악한 모습을 드러내기도 한다. 그러면서도 신들은 절대 선과 권위와 힘의 상징으로, 선한 자들에게는 축복을, 악한 자들에게는 벌을 내리는 존재이기도 하다. 다른 나라의 신들이 옛이야기 속에나 존재하는 죽은 신들이라면, 인도의 신들은 지금도 현생과 내생의 복을 갈구하는 사람들의 가슴 속에 생생히 살아서 생성과 소멸, 성장과 쇠퇴를 거듭하고 있는 것이다.

이야기를 좀 더 풀어보자면, 인도의 신들은 대체로 두 종류로 구분된다. 베다(힌두교 법전)에 나오는 신$^{Vedic\ gods}$들과 힌두교의 브라흐만^{Brahman}의 신들이 그것이다. 베다에 나오는 신들은 아주 오랜 옛날 농업에 의지하며 살던 족속들의 원시적인 신이다. 그들은 자연의 힘을 의인화한 신으로, 이를테면 태양신 '수리아', 바람의 신 '바유', 불의 신 '아그니' 등 자연이 곧 신으로 숭배된다. 한편, 브라흐만의 신들은 《우파니샤드》가 확립되면서 베다시대의 자연신을 대치한 힌두교의 신들이다. 물론 《우파니샤드》는 철학적 성격이 강해 우리 눈에 보이지 않는 실재인 브라흐만을 우주와 존재의 궁극적 원리로 인식한다. 따라서 브라흐만은 노자가 말하는 도^{道}처럼 비인격적인 존재이다. 기독교의 한 신비가가, 사랑으로라면 몰라도 생각으로는 신을 만날 수도 붙들 수도 없다고 했듯이, 힌두교는 이처럼 '가까이 하기엔 너무 먼 당신' 브라흐만을 사람들이 가까이 모실 수 있는 인격신들로 만들었다. 그래서 브라흐만은 눈에 보이는 형상을 지닌 힌두교의 신들이 되었다. 베다의 신들이 자연신이라면 지금 우리가 사원에서 만나는, 형상을 지닌 힌두교의 신들은 인격신이다. 자간너트 사원의 형제신들도 마찬가지이다.

보통 사람들은 자기들이 믿는 신이 사랑하고 이해할 수 있는 신이기를 바란다.《우파니샤드》에 나오는 성자들처럼 깊은 깨달음을 통해 신을 인식하는 지식인은 보이지 않는 신을 숭배하는 것이 자연스럽지만 보통 사람들에게 있어 눈에 보이지 않는 신을 숭배하기란 사실 불가능에 가까운 일이다.

철학적 성격이 강한 불교가 포교를 위해 금붙이로 불상을 만들고 보살을 신격화하였듯이, 힌두교는 우파니샤드 철학을 흡수하는 과정에서 불가피하게 형상이 있는 인격신을 만들어야 했을 것이다. 따라서 브라흐만이라는 추상적인 신은 창조의 신 브라흐마, 유지의 신 비슈누, 파괴의 신 시바로 인격화되기에 이른 것이다. 물론 이 세 신은 각자의 역할을 맡고는 있지만 궁극적으로는 하나이다. 즉 유일신 브라흐만으로 귀일하는 것이다.

그러므로 인도인들이 비슈누를 숭배하든 시바나 칼리를 숭배하든, 혹은 자간너트를 숭배하든, 그 숭배 행위는 곧 유일신 브라흐만을 숭배하는 것과 다르지 않다. 유일신 야훼 외에는 어떤 형상을 지닌 존재도 용납하지 않는 유대교나 기독교를 신봉하는 이들은 힌두교의 이런 측면을 참으로 이해하기 어려울 것이다. 하지만 나는 인도를 사랑하고 인도를 배우기 위해 떠난 여행자이기에 이런 의문이 솟구칠 때마다《우파니샤드》를 펼쳐 읽었다.

당신은 브라흐만의 집

고대 인도의 비데하 왕국에는 야자왈키야라는 유명한 성자가 있었다. 신앙심이 두터운 비데하 왕국의 자나카 왕은 큰 제사를 준비하였는데, 이 제사에는 야자왈키야 성자를 비롯한 왕국의 모든 사제들이 참석해 있었다. 신에 대한 풀리지 않는 의문을 가지고 있던 자나카 왕은 제사에 모인 사람들에게 말했다.

"나는 오늘 여기 훌륭하신 사제님들을 모시고 신에 대한 가르침을 얻기를 원하오. 신에 대해 가장 잘 설명할 수 있는 분에게는 여기 있는 소 천 마리와 소의 뿔에 걸어 놓은 금화를 몽땅 선물로 드리겠소."

전국에서 모여든 이름 있는 사제들이었지만, 느닷없는 왕의 제의에 선뜻 나서는 사람은 없었다. 그 질문에 대한 대가로 왕이 하사하는 천 마리의 소를 받게 된다면 그야말로 벼락부자가 되는 것이었다. 그런데 바로 그때 야자왈키야라는 성자가 자나카 왕 앞으로 나섰다. 그리고 자기가 왕이 궁금하게 여기는 질문에 대답한 뒤 소 천 마리와 소의 뿔에 걸린 금화를 몽땅 가져가겠다고 했다.

사제들은 겁 없이 앞으로 나서는 야자왈키야를 못마땅하게 여겨 자기들이 직접 시험해 보기로 했다.

"이 소들을 가져가고 싶으면 내 질문에 대답할 수 있어야 하오. 야자왈키야, 신이 몇 분이나 되는지 아시오?"

샤칼리야 비다그다라는 사제가 먼저 나서서 물었다. 야자왈키야는 거침없이 대답했다.

"세계신(비슈웨데바)으로 불린 신은 삼백 세 분이오. 그리고 삼천 세 분이오."

힌두교에서는 모든 신들을 가리킬 때 '세계신'이라 부른다. 성자의 거침없는 대답에 샤칼리야가 다시 물었다.

"잘 알고 있구려. 그럼 정확하게 신은 몇 분인지 아시오?"

"서른 세 분이오."

"잘 알고 있구려. 그럼 더 정확하게 신은 몇 분이지 아시오?"

"여섯 분이오."

이와 비슷한 질문들이 이어지고 야자발키야의 대답도 이어진다. 신의 숫자는 셋, 둘, 하나 반까지 줄어든다. 샤칼리야가 마지막으로 묻는다.

"그럼 더 정확하게 신은 몇 분이지 아시오?"

"한 분이오."

"아주 훌륭하오."

브리하다란야카 우파니샤드

처음 읽으면 우스꽝스런 문답처럼 들린다. 도대체 이 무슨 말장난일까. 야자왈키야 성자는 처음에 신을 삼백셋, 삼천셋이 된다고 했다가, 나중에는 서른셋, 여섯, 둘, 하나 반, 하나라고 대답한다.

그러나 깊이 읽어보면 이것은 단순한 말장난이 아니다. 야자왈키야가 신의 숫자를 이렇게 늘였다 줄였다 한 것은 신에 대해 말할 때 숫자의 의미 없음을 말하고자 한 것이다. 야자왈키야가 계속해서 이어지는 샤칼리야의 질문에 대답하며, 신을 삼천셋이니, 삼백셋이니

한 것은 신이 밖으로 드러난 모습을 말한 것뿐이라고 한다. 그래서 마지막에 '한 분'이라고 대답한 것이다. 즉 형상을 지닌 숱한 힌두교의 신들은 궁극적으로 형상이 없는 '하나'로 귀일한다는 것이다. 그 하나란 곧 만물의 근원자 '브라흐만'을 가리킨다.

브라흐만은 산스크리트어로 '넓게 퍼져 있다'는 뜻이다. 이런 어원에서 브라흐만은 무한하고 광대하고 탁월한 그 무엇으로 인식된다. 그 브라흐만이 끝없이 넓게 퍼져나가며 성장하고 팽창하여 이 우주가 만들어졌다. 이 광활한 우주는 브라흐만의 자기 발현인 셈이다. 성자인 아자발키야의 표현처럼 브라흐만은 만물의 근원, 즉 우주를 창조하고 우주에 편재해 있는 유일한 원리가 된다. 또한 브라흐만은 소우주인 인간에게는 '아트만' 즉 참자아로 인식된다. 《우파니샤드》가 이처럼 유일무이한 신성 브라흐만을 강조하는 까닭은 무엇일까.

《베다》의 관심이 외적인 것에 있었다면, 베다의 끝(베단타)으로 불리는 《우파니샤드》의 관심은 인간의 심원한 내면세계로 모아진다. 자연을 의인화시킨 베다 시대의 사람들은 물질적 번영을 구하여 외계의 신들(자연신들)에게 매달렸으나, 우파니샤드의 관심은 외계의 물질적 차원에서 불멸의 내적 자아로 옮아갔다.

지혜가 모자라는 사람은
바깥의 즐거움을 좇기 마련이고
그로써 그는 죽음이라는 어마어마한 덫에 걸리게 되는 것이다.

그러나 현명한 사람은
안에 들어앉은 아트만(참자아)을 흔들림 없는 확고한 존재로 인식하고
그럼으로써 세상의 허망한 것들에 욕심을 내지 않는다.
카타 우파니샤드

　여기서 '지혜가 모자라는 사람'이란 베다적 삶의 방식에 묶여 있는 사람을 가리킨다. 그런 방식에 묶인 사람은 물질적 행복을 갈구하여 신들에게 제물을 바친다. 지금도 이런 기복적 신앙행위는 힌두교뿐 아니라 대부분의 종교에 존재한다. 인도인의 의식 속에 뿌리 깊이 박혀 있는 이런 다신론적 개념들은 쉽사리 사라지지 않을 것이다. 왜냐하면 대부분의 사람들은 여전히 '바깥의 즐거움'을 탐닉하기 때문이다.

　그러나 '현명한 사람'은 그런 낡은 삶의 방식에서 벗어나 자기 내면과 우주 만물 속에 살아 있는 참된 실재를 확고하게 인식한다. 그는 바깥의 즐거움이 주는 덧없음을 알고 동시에 자기 안에 있는 불멸의 참자아가 주는 영원한 희열을 알고 있기 때문이다. 그러므로 이제 숭배되어야 할 것은 자연신이나 인격신 같은 그런 숱한 신들이 아니라 인간과 우주에 내재해 있는 유일무이한 신성 브라흐만이다.

　인도 철학자 라다크리슈난은 그 찬란한 불꽃 신성의 거처는 이제 인간의 가슴 속이라며 다음과 같이 일갈한다. "인간의 영혼은 전체 우주를 조망하는 열쇠 구멍……, 진리를 비추는 맑은 호수이다. 인간은 이제 '브라흐만의 집'이다."

인간이 브라흐만의 집이라니? 우파니샤드의 가르침을 따라 브라흐만을 자기 존재의 내면에서 발견한 사람에게는 금붙이와 화려한 장식에 감싸인 성상들을 모신 곳이 아닌 인간이 바로 신의 사원이 된다. 시인 칼릴 지브란이 "나날의 삶이야말로 너희의 사원"이라고 노래한 것처럼, 우리의 일상적 삶이 신을 만나는 사원인 것이다.

더 나아가 《우파니샤드》는 신들에 대한 제의祭儀를 통해 해탈을 추구하던 형식주의의 사슬도 끊어낸다. 동물뿐만 아니라 사람마저 제물로 바치던 원시적 신앙은 지양되고 자신의 생각과 느낌과 행동을 신에 대한 제물로 여기는 새로운 방식을 추구하게 된 것이다. 낡은 종교적 관습을 거부하며 "안식일이 사람의 주인이 아니라 사람이 안식일의 주인"이라고 선언했던 예수의 가르침처럼 《우파니샤드》는 인간을 종교의 형식주의에서 해방시켜 자기 내면에 있는 불멸의 신성과의 합일을 통해 존재의 완성(구원)에 이르는 새로운 길을 열어 놓은 것이다.

이런 우파니샤드의 가르침이 오늘 인도인들에게는 어떤 의미가 있는 것일까. 그동안 인도를 여행하며 만난 숱한 사원들과 그 안에 안치된 숱한 신들, 파도처럼 밀려다니는 순례자들, 꽃과 돈과 지극한 정성을 바치는, 지금도 살아 있는 저 종교 행위는 무엇이란 말인가. 나는 우파니샤드를 좀 더 깊이 알고자 사원이 있는 풍경 속을 어슬렁거렸지만 솔직히 말해 그 풍경 속으로 가까이 다가갈수록 혼돈스럽기만 했다. 그러나 그 혼돈은 싱싱한 혼돈이었다. 저 살아 꿈틀거리는 신화의 풍경 속으로 신발이 다 닳도록 돌아다니며 여행을 끝

* 신에게 바칠 꽃을 파는 꽃장수

저들은 신 앞에 무엇을 비는 것일까.
　　남루해 보이는 옷차림의 아낙들도 모두 손에 붉은 꽃이나 황금색 꽃을 들고 있었다.
　　　　자기들의 생이 꽃처럼 피어나기를 갈구하고 있는 것일까.

낼 무렵이면 이 얽히고설킨 혼돈의 실타래를 풀 수 있지 않을까.

왜 신이 아닌 척하느냐

나는 자간너트 사원 부근에서 오래도록 서성거리며 종교의 본질에 대해 많은 생각을 했다. 사원 순례를 마친 기념으로 꽃이나 한 다발 사려고 사원 초입의 나무 그늘에서 꽃을 파는 손수레로 다가가 꽃장수 사내에게 황금색 금잔화를 한 다발 묶어 달라고 했다. 황금색 꽃은 우리의 '참자아'를 상징한다고 어느 종교심리학자의 책에서 읽은 기억이 났기 때문이다. 사내는 신바람 난 표정으로 휘파람을 불며 꽃을 가위로 다듬어 실을 꼬아 만든 노끈으로 묶어 주었다.

돈을 지불하고 돌아서는데, 그 순간 거지아이 하나가 쏜살같이 달려왔다. 온통 머리가 헝클어지고 웃통을 벗어부친 아이의 몸엔 때가 꼬질꼬질했다. 아이는 헐떡거리며 손에 든 그림을 내 앞에 쑥 내밀었다. 검은 얼굴에 붉은 혓바닥을 쑥 빼물고 있는 칼리 여신이 그려져 있는 그림이었다. 여신의 팔과 발에는 황금으로 만든 장식이 치장되어 있고, 목에는 인간의 머리를 엮은 황금 환이 걸려 있으며, 두 손에는 죽음의 무기가 들려 있고, 눈은 이글거리는 섬광을 내뿜고 있었다. 인도인들은 이 칼리 여신에게서 파멸에의 공포와 자비로운 모성의 위로를 동시에 경험한다고 한다. 하여간 잠시 그림을 내려다보다가 거지아이를 외면하고 돌아서려는데, 아이는 막무가내로 옷자락을 붙잡고 늘어지며 다시 칼리 그림을 내 앞에 내밀었다.

나는 알면서도 아이에게 물었다.

"이 그림 속의 신의 이름이 뭐냐?"

아이는 신바람이 난 듯 생글생글 웃으며 대꾸했다.

"칼리!"

나는 5루피 짜리 지폐 한 장을 손에 쥐어주고 아이 곁을 떠나려 했다. 하지만 아이는 돈이 너무 적다는 듯 내 옷자락을 낚아채며 말했다. 아이의 영어는 서툴렀지만 알아들을 수는 있었다.

"당신도 칼리예요."

나는 아이의 손을 뿌리치며 그 자리를 떠났다. 아이는 더 이상 따라오지 않았다. 오도깝스럽게 덤비는 거지아이들에게 질렸던 터라 다행으로 여기며 길을 걷는데, 아이가 "당신도 칼리예요!"라고 했던 말이 환청처럼 귓가를 맴돌았다. 당신이 자비로운 신인데, 왜 신이 아닌 척 날 외면하느냐는 말처럼 들렸다.

언젠가 어느 구루의 책에서 '당신은 왜 붓다가 아닌 척하느냐?'는 말을 읽었던 기억이 어렴풋한데, 그때 읽은 그 기억이 거지아이의 말을 듣는 순간 되살아난 것이었다. 그렇다. 우리는 우리 내면에 신성의 불꽃이 타오른다고 말하면서도, 실제로는 그 신성의 불꽃을 외면하고 사는 경우가 얼마나 많은가. 나는 마음이 편치 않아 뒤를 돌아다보았지만, 거지아이의 모습은 보이지 않았다.

나는 꽃다발을 들고 자간너트 사원 벽 바깥에 있는 작은 사당으

* 칼리 여신으로 분장한 소녀

아이는 더 이상 따라오지 않았다.
"당신도 찰리예요!"
아이가 했던 말이 환청처럼 귓가를 맴돌았다.
당신이 자비로운 신인데, 왜 신이 아닌 척 날 외면하느냐는 말처럼 들렸다.

로 갔다. 그 사당에는 자간너트 가족신 세 분이 모셔져 있었다. 신상 앞에는 순례자들이 바친 꽃들이 어지럽게 흩어져 있었다.

내가 안으로 들어가자 사제인 듯한 사람이 앉아 순례자들을 맞이했다. 나는 두 손을 모아 예를 갖춘 뒤 꽃다발을 내밀었다. 그는 좀 의아한 듯 나를 쳐다보았다. 꽃다발만 아니라 헌금도 바라는 것일까. 물론 나의 오해일지도 모른다.

나는 사당을 나와 숙소로 돌아갈 요량으로 큰길로 나섰다. 여전히 볕이 따가웠다. 하늘을 쳐다보니 태양은 이글거리며 거대한 불수레처럼 하늘 한복판을 굴러가고 있었다. 폭염 속에도 아랑곳없이 순례자들은 사원으로 끊임없이 몰려들고 있었다. 신들의 힘이 참 대단하다는 생각이 절로 들었다.

2

뿌리를 찾아가는 여정

만물의 뿌리, 유일신 브라흐만

뿌리는 위쪽으로

가지는 아래쪽으로 향하는

보리수나무를 보라.

그 시작을 알 수 없는 브라흐만처럼 보이도다.

그 뿌리가 바로 순수한 빛

브라흐만의 모습이로다.

그것이 '불멸'의 이름으로 불리는 브라흐만이다.

그 브라흐만에 모든 세상이 의지해 있으며

어느 누구도 그를 벗어날 수 없도다.

그가 바로 그것(브라흐만)이다.

카타 우파니샤드

타고르가 명상하던 숲을 찾아서

오리사 주에서 사원기행을 마치고 나서 다시 샨티니케탄으로 돌아왔다. 샨티니케탄은 서벵골 주에 속한 아름다운 전원마을이다. 나는 이곳에 한동안 머물 작정으로 허름한 게스트하우스에 둥지를 틀었다. 샨티니케탄을 방문하는 것은 벌써 세 번째로 나에게는 영혼의 고향 같은 느낌이 강한 곳이었다. 샨티니케탄이란 지명은 '평화의 마을'이란 뜻을 지니고 있는데, 시인 라빈드라나드 타고르가 세운 비스바 바라티 대학이 있어 더욱 널리 알려진 곳이기도 하다.

나는 아열대의 아름드리나무들이 대학을 감싸고 있는 숲을 참 좋아했다. 이 울울창창한 숲 속에는 나무들보다 결코 높지 않은 퇴락한 건물들이 드문드문 들어서 있고, 뜨거운 햇볕을 피해 큰 나무 그늘 아래 앉아 한가롭게 책을 읽거나 화판을 펼쳐놓고 그림을 그리는 학생들도 자주 볼 수 있었다. 시인 타고르의 창조적 젊음이 남긴 자

새벽 숲의 기운은 서늘하여
　　잠이 덜 깬 혼들을 일깨워 주었고
　　　어둠을 사르며 떠오르는 햇살은 새벽 숲 위로 퍼지며
숲에 든 온갖 물상들에게 싱그러움을 듬뿍 얹어 주었다.

※ 차팀타라 숲의 보리수나무

취를 보고 싶어 찾아드는 순례자들, 사람들을 태우고 숲길을 오가는 사이클릭샤들, 나무 아래를 어슬렁거리는 야생에 가까운 소와 개들, 이런 이국적 풍경들도 언제나 내 가슴을 설레게 만들었다. 아침저녁으로 나는 대학 근처의 고즈넉한 숲길을 명상하는 마음으로 느릿느릿 걸으며 타고르의 시집 《열매》에 나오는 시구를 중얼거리곤 했다.

"진정하라, 내 가슴이여, 이 큰 나무들은 기도자들이니까!"

샨티니케탄에 머무는 동안 나는 시인 타고르가 명상하던 차팀타라 숲에 자주 끌려들곤 했다. 만물은 안식을 주는 것에 끌린다는데, 타고르의 숨결이 서린 평화로운 숲이 나를 끌어당긴 것일까. 나는 먼동이 터올 무렵의 새벽 숲을 좋아했다. 새벽 숲의 기운은 서늘하여 잠이 덜 깬 혼들을 일깨워 주었고, 어둠을 사르며 떠오르는 햇살은 새벽 숲 위로 퍼지며 숲에 든 온갖 물상들에게 싱그러움을 듬뿍 얹어 주었다. 새벽 숲의 고요는 새들의 지저귐으로 깨어졌지만 새들의 지저귐이 내 안에 깃든 새벽 숲의 고요는 깨뜨리지 못했다. 새들의 수선스러움과 나무들의 침묵은 서로를 밀어내지 않았고, 그 수선스러움과 침묵을 품에 안은 숲의 너그러움이 내 안으로도 스며드는 것 같았다. 청량한 숲의 기운과 함께 그것이 스며들 때 내 마음은 해낙낙해졌다.

타고르가 생존해 있을 적에 명상하던 차팀타라 숲은 이제 울타리가 처져 있어 발을 들여놓을 수 없었다. 순례자들의 잦은 발길에서 숲을 보호하기 위해 울타리를 둘러놓은 것 같았다. 대신 나는 그 명상터에서 멀지 않은 곳에 있는 보리수나무(반얀나무) 밑으로 자주 찾아 들었다. 인도에 와서 처음으로 본 보리수나무는 그 푸른 가지를 넓게 뻗으며 자라나 한 그루의 나무가 넓은 수역樹域을 이루고 있었다. 굵은 나뭇가지에서 뻗어나온 새끼줄만 한 기근氣根들이 칡넝쿨처럼 아래로 늘어져 지면에 닿으면 곧 뿌리를 내리고 옆으로 옆으로 번지며 자신의 수역을 넓혀가는 나무였다. 그렇게 늘어진 기근들을 보면 마치 뿌리가 하늘에 떠 있는 것 같았다. 보리수나무의 늘어진 기근들에 원숭이처럼 매달려 그네를 타는 아이들도 있었다.

인도 캘커타의 한 식물원에서 세계에서 가장 큰 보리수나무를 본 적이 있었는데, 한 그루의 보리수나무가 이룬 수역이 무려 500미터를 넘었다. 멀리서 보면 수천 그루의 나무들이 이룬 숲처럼 보이지만, 가까이 다가가서 보면 오직 한 그루 어머니 기둥에서 뻗어 나온 기근들이 수많은 뿌리를 내려 거대한 숲을 이루고 있는 것이다. 나는 한 뿌리에서 비롯된 거대한 숲을 보며 우리 인간 종족도 다르지 않다는 생각을 금할 수 없었다. 이 지구별 위의 인간들은 모두 대지모신大地母神이라는 한 어머니의 자식들이라는!

이처럼 놀라운 생장력을 지닌 반얀나무라고도 불리는 보리수나무, 붓다가 그 나무 아래서 깨달음을 얻었다 해서 신성시되는 나무, 높이 자랄수록 드넓게 날개를 펼쳐 쉼을 필요로 하는 이들을 그 서늘한 품에 안아주는 나무……. 나는 그 서늘한 나무 그늘 아래 자리를 틀고 앉아 침묵에 빠져들곤 했다. 숱한 새들이 나뭇가지들 사이로 들고나며 우짖었지만 새들의 지저귐이 내 안에 깃든 고요와 침묵을 방해하지는 못했다.

당신은 붓다의 제자인가

　어느 이른 아침이었다. 가없는 지평선 위로 먼동이 트고 있었다. 나는 게스트하우스를 나와 버릇처럼 차팀타라 숲으로 가고 있었다. 좁은 골목길을 걷다가 두레박으로 물을 긷는 마을 공동우물 가까이 다가섰는데, 한 사내가 팬티 차림으로 두레박으로 퍼 올린 물을 온몸에 퍼붓고 있었다. 신에게 푸자(예배의식)를 드리기 전에 자기를 정화하는 행위일 터였다. 여행 중에 자주 본 광경이긴 하지만 발걸음을 멈추고 잠시 그 모습을 지켜보았다.

　그는 물 묻은 몸을 수건으로 대충 닦더니 뚜벅뚜벅 걸어 우물 옆의 시바 링가男根像가 모셔진 곳으로 다가갔다. 시멘트로 조악하게 만들어진 링가였다. 시바 링가는 시바가 현현한 것으로 숭배되며, 시바 신의 양면적 성격을 드러내는 표현물이라고 할 수 있다. 즉 시바는 세상을 초탈한 고행과 요가의 신이기도 하지만, 에로티시즘과 정력의 상징인 남근으로 숭배되기도 한다. 요니女根 속에 세워진 시바 링가를 숭배할 때, 인도인들은 링가에 우유나 우유버터를 붓거나 과일, 나뭇잎, 꽃 등을 바쳤다.

　사내는 꽃을 준비하지 못했는지 길가에 선 나무에서 나뭇잎 몇 닢을 뜯어 바치고 두 손을 모으더니 공손히 절을 했다. 시바 링가 주

※ 푸자를 드리는 힌두교도

변에는 마을 사람들이 이미 다녀간 듯 부겐빌리아 붉은 꽃잎들이 흩어져 있었다.

  나는 사내가 푸자 드리는 모습을 잠시 지켜보다가 골목을 나와 큰길로 나섰다. 큰길에는 아직 행인들의 모습은 눈에 띄지 않고 노천찻집들만 문을 열고 조개탄을 피우고 있었다.

  흙과 나무로 얼기설기 지어진 노천찻집들은 우리나라의 헛간을 연상시켰다. 인도의 시골에는 아직도 이런 찻집들이 길가에 즐비하다. 찻집에서 피우는 조개탄 연기가 낮게 깔려 매캐했다. 이른 아침이라 그런지 몸에 한기가 느껴져 자주 들르는 찻집으로 들어갔다. 찻집에는 젊은 부부가 차를 끓일 불을 피우고 있었다. 나를 본 부부는 두 손을 모으고 반갑게 맞이해 주었다. 그리고 조금만 기다려 달라고 했다.

긴 나무의자에 앉아 찻물이 끓기를 기다리고 있는데, '빵' 하는 경적소리와 함께 오토릭샤 한 대가 찻집 앞에 멈춰 섰다. 그리고 차에서 내린 릭샤 기사가 나에게 다가오며 아는 체를 했다. 자세히 보니, 샨티니케탄에 올 때마다 만났던 카틱이었다.

지난겨울에 그를 처음으로 만났으니, 벌써 세 번째 만남이었다. 나이는 삼십대 중반으로 나보다 한참 어렸지만 친절하고 다정다감하여 쉽게 친구가 되었다. 벵골인 특유의 작은 키와 까무잡잡한 얼굴, 크고 해맑은 눈망울에서는 언제나 어린아이 같은 천진스러움이 느껴졌다. 그동안 그는 나를 자기 집에 몇 차례 초대해 향기로운 차를 끓여주고, 손수 시타르를 타며 인도 민속음악도 들려주곤 했었다.

우리는 너무 반가워 두 팔을 벌려 포옹했다. 나는 그를 위해 차를 한 잔 더 주문했다. 우유가 끓자 아낙은 홍차와 생강을 갈아 넣어 짜이를 만들었다. 우리는 함께 따끈한 차를 마시며 공복을 달랬다. 차를 마시던 카틱이 물었다.

"이른 아침부터 어디를 가십니까?"

"차팀타라 숲으로 가려고 하네."

"거기는 왜 가려고 합니까?"

"명상을 하러!"

"왜 하필 차팀타라 숲입니까?"

"나는 그 숲 부근에 있는 보리수나무를 좋아한다네. 그 나무 밑에 앉아 있으면 마음이 평화로워지거든."

"당신은 붓다의 제자입니까?"

"아니, 나는 붓다를 좋아하지만 그의 제자는 아니네. 나는 예수의 제자지."

카틱은 문득 놀란 눈치였다. 그동안 내가 믿는 종교에 대해서는 입도 벙긋한 적이 없었던 것이다.

"나는 당신이 '가야트리 만트라'도 욀 줄 알아서 기독교인이라곤 생각하지 못했습니다."

지난여름 그의 집에 초대받아갔을 때 나는 그의 노래에 대한 화답으로 가야트리 만트라를 부른 적이 있었다. 가야트리 만트라는 신을 찬양하는 힌두교의 대표적인 만트라로, 언제나 신을 향해 집중하고 지혜로운 삶을 살도록 이끌어주시기를 신에게 비나리하는 내용이다.

힌두교에서는 소년들이 여덟 살이 되면 학습에 입문하는 입회식을 치르는데, 바로 이때 스승이 소년에게 이 만트라를 낭송해 준다고 한다. 나는 한국에 있을 때 히말라야 요가를 공부한 아내를 통해 이 만트라를 익혔던 것이다. 만트라는 산스크리트어로 '마음을 수호한다'는 뜻이 담겨 있다.

"나는 기독교인이지만 다른 종교를 존중한다네."

카틱은 내 말을 듣고 엄지손가락을 쑥 올리며 말했다.

"당신은 참 멋있습니다. 나는 당신 같이 열린 기독교인은 처음입니다."

릭샤왈라 카틱과 함께

내가 카틱을 처음 만난 것은 지난해 겨울이었다. 벵골지역을 여행하던 중에 한 칼리 사원을 찾아가게 되어 오토릭샤를 탔는데, 그때 우리 일행을 태운 오토릭샤의 기사가 바로 카틱이었다. 그의 오토릭샤는 폐차 직전의 고물이어서 시동도 잘 걸리지 않아 애를 태웠다. 비포장 길을 달릴 때는 차에 탄 이들의 속을 뒤집어놓을 듯 심하게 털털거렸다.

그날 우리는 그의 친절한 안내로 칼리 사원을 돌아보고 나서 노천찻집에 들어가 짜이를 마시며 이런저런 이야기를 나누다가 서로 친해지게 되었다. 가난한 농사꾼의 집안에서 태어난 카틱은 학교도 다닌 적이 없었다. 하지만 그동안 오토릭샤 기사 노릇을 하며 귀동냥한 영어 실력으로 손님들과 간단한 대화는 나누었다.

일행 중의 한 사람이 문득 카틱에게 "당신은 행복하오?" 하고 물었다. 초면에 좀 무례한 질문일 수도 있었지만 그는 빙그레 웃더니 담담히 대답했다.

"집에는 닷새쯤 먹을 수 있는 쌀과 감자가 있답니다. 그리고 아내는 매일 아침 숲에서 땔감을 구해다가 차를 끓여 줍니다. 아내가 끓여주는 차는 아주 맛있습니다. 그걸로 나는 만족합니다."

질문을 던진 이는 카틱의 대답을 듣고 잠시 충격을 받은 듯 입을 꾹 다물었다. 카틱이 의도한 것은 아니겠지만, 생존의 숱한 고통과 시련을 겪으며 터득한 삶의 달관이 느껴졌다. 끝없는 욕망의 충족을 위해 이전투구하며 살아가는 자본주의적 삶의 양식에 길들여진 사람들과는 달리, 주어진 여건을 달게 받아들이는 자족의 품성이 넉넉히 몸에 배어 있는 듯 싶었다. 적어도 카틱에게서는 욕망의 갈증이 느껴지지 않았다. 며칠 먹을 수 있는 양식이 있는 것으로 만족한다는 그의 말에서 나는 문득 '욕망의 갈증을 다 채우려는 이에게 화 있을진저!'라고 일갈했던 어느 소설 속 주인공의 말을 떠올렸다.

며칠 후 카틱은 후미진 시골에 있는 자신의 흙집으로 우리를 데려가 살림살이 구경도 시켜주었는데, 집도 살림살이도 초라하고 남루했지만 카틱과 그 식구들의 얼굴에서는 어두운 그늘을 찾아볼 수 없었다. 오히려 소유에 얽매이지 않는 영혼의 자유로움과 몸에 밴 소박하고 절제된 삶의 향기가 피어나왔다. 그날 나는 카틱의 식구들을 보며 넉넉한 소유만이 진정한 행복의 조건이 아니며 가난이 불행과 비례하지는 않는다는 것을 새삼스레 깨달았다.

차를 다 마시고 일어서자 카틱은 자기 릭샤에 타라고 손짓을 했다. 멀지 않은 거리니 그냥 걸어가겠다고 하자 차 얻어 마신 값은 해야 하지 않겠냐는 듯 손을 잡아끌어 기어이 릭샤에 태웠다. 그의 릭샤는 여전히 털털거렸다.

※ 카틱 부부

"닷새쯤 먹을 수 있는 쌀과 감자가 있답니다.
아내는 매일 아침 숲에서 땔감을 구해다가 차를 끓여 줍니다.
아내가 끓여 주는 차는 아주 맛있습니다. 그걸로 나는 만족합니다."

적어도 카틱에게서는 욕망의 갈증이 느껴지지 않았다.
오히려 소유에 얽매이지 않는 영혼의 자유로움과
소박하고 절제된 삶의 향기가 피어나왔다.

차팀타라 숲 부근은 아직 이른 시간이라 인적이 없었다. 나는 카틱과 함께 내가 매일같이 가서 앉아 명상하던 보리수나무 밑으로 갔다. 내가 가부좌를 틀고 앉자 카틱도 내 옆에 앉아 눈을 감았다. 눈을 감고 있어도 옆에 앉은 카틱 때문에 집중이 되지 않았다. 나는 마음을 한 곳에 모으려고 가야트리 만트라를 나지막이 암송했다. 카틱도 나를 따라 만트라를 했다.

오움 부후 부바 사하
탓 사비투리 바렌얌
바르고 데바사 디마히
디요 요나 프라죠다야트

한참동안 만트라를 되풀이해서 암송하고 난 뒤 눈을 뜨자 카틱도 살그머니 눈을 뜨더니 나를 바라보며 미소 지었다. 잠시 후 나는 그에게서 눈길을 떼어 기근들이 축축 늘어진 보리수나무를 쳐다보는데, 카틱이 물었다.

"보리수나무를 특히 좋아하는 까닭이 있습니까?"

"나는 보리수나무를 보면, 《우파니샤드》라는 책에 나오는 '거꾸로 선 나무'가 자꾸 생각난다네."

"저는 그런 책을 읽어본 적이 없습니다. 그런데 세상에 '거꾸로 선 나무'도 다 있습니까?"

"……"

나는 괜히 책 얘기를 꺼냈다 싶어 더 이상 이야기를 진전시키지 않았다. 카틱은 잠시 머쓱한 표정을 짓더니 이제 일을 하러 나가야 한다며 자리를 털고 일어섰다. 그는 나와 헤어지는 것이 아쉬운 듯 눈물을 글썽이며 두 손을 모아 합장을 했다.

멀어져 가는 카틱의 모습을 보며 생각했다. 설령 우파니샤드를 모르더라도 카틱이야말로 우파니샤드의 숭고한 정신을 나름대로 구현한 삶을 살아가고 있는 거라고! 내가 이렇게 말할 수 있는 까닭은 그가 언젠가 들려준 이야기 때문이었다. 자기에게는 유일한 소망이 하나 있는데, 자기가 공경하는 신 크리슈나가 허락하시면 '바울Baul'이 되고 싶다는 것이다. 바울이란 주로 벵골지역에서 유랑하는 음유시인들을 말한다. 그들은 신을 사랑하고 신을 찬양하는 것을 생의 최고의 목적으로 삼는다. 나는 저만치 멀어져가는 카틱의 뒷모습에 대고 빌었다. 바울이 되고 싶은, 그 소박하고 간절한 소망을 꼭 이루기를!

거꾸로 선 나무

나는 카틱과 헤어진 뒤 깔고 앉았던 숄 위에 몸을 뉘었다. 푸른 보리수나무 가지와 잎들에 가려 하늘은 보이지 않고 나무의 늘어진 기근들만 보였다. 보리수나무를 보는 순간 《우파니샤드》에 나오는 '거꾸로 선 나무'가 떠오른 것은 지난 겨울이었다. 어쩌면 '거꾸로 선 나무'를 상상으로 그려낸 현자는 보리수나무에서 그 단초를 얻게 되었는지도 모른다고! 뿌리가 허공에 떠 있는 듯 보이는 보리수나무의 축축 늘어진 기근들 때문이었다.

> 뿌리는 위쪽으로
> 가지는 아래쪽으로 향하는
> 보리수나무를 보라.
> 그 시작을 알 수 없는 브라흐만처럼 보이도다.
> 그 뿌리가 바로 순수한 빛
> 브라흐만의 모습이로다.
> 그것이 '불멸'의 이름으로 불리는 브라흐만이다.
> 그 브라흐만에 모든 세상이 의지해 있으며
> 어느 누구도 그를 벗어날 수 없도다.
> 그가 바로 그것(브라흐만)이다.
> 카타 우파니샤드

터무니없는 생각일지라도, 나는 보리수나무를 보는 순간 이 '거꾸로 선 나무'의 깊은 뜻을 알 것만 같았다. 전구를 켠 듯 머릿속이 환해졌다. '거꾸로 선 나무'는 물론 세상 어디에도 없다. 뿌리가 하늘로 들린 그런 나무가 있다면, 그 나무는 죽은 나무일 것이다. 위의 《우파니샤드》는 그것이 바로 종교적 상징임을 드러내주고 있다. 이 거꾸로 선 나무는 흔히 히브리 창조설화에 나오는 '생명의 나무'와

견주어진다.

하늘을 향해 있는 뿌리, 그것은 곧 '순수한 빛 브라흐만의 모습'이라고 우파니샤드는 일러준다. 그러니까 '거꾸로 선 나무'는 불멸의 신성 브라흐만을 드러내주는 상징의 나무인 것이다. 그러면 왜 우파니샤드의 현자는 나무를 거꾸로 세운 것일까. 똑바로 서 있는 나무도 그렇지만, 뿌리가 본질적이고 중요하다는 것일까. 그렇다. 우리는 뿌리의 중요성을 쉽사리 잊어버린다. 눈에 보이는 가지와 잎과 꽃과 열매는 중요시하지만, 보이지 않는 뿌리는 망각하고 산다. 수도꼭지에서 펑펑 쏟아지는 물을 먹으면서도 그 수원水源을 망각하고 살아가듯이, 우리는 나 자신과 우주 만물을 있게 한 그 원천을 잊어버리는 배은背恩을 저지르고 사는 것이다.

이런 점에서 《우파니샤드》는 우리가 상실한 뿌리를 찾아가는 여정이라고 할 수 있다. 뿌리를 잊은 채 가지와 잎새와 열매에만 탐닉하던 존재가 그것들의 원천인 뿌리를 찾아가는 여정!

> 몸의 뿌리가 음식 이외에 어떤 것이 될 수 있겠느냐.
> 총명한 아들아, 마찬가지로 음식은 그 뿌리를 물로 삼고 있다.
> 또 그 물은 그 뿌리를 불로 삼고 있으며,
> 불은 참존재를 뿌리로 하고 있다.
> 이 모든 생물은 참존재를 그 뿌리로 하고 있으니…….
> 찬도기야 우파니샤드

존재 · 지성 · 무한

여기서 모든 만물이 뿌리로 하고 있는 '참존재'란 브라흐만을 가리킨다. 그러면 브라흐만은 어떤 존재인가? 우파니샤드의 현자는, 브라흐만이 두 모습으로 나타난다고 한다. 하나는 형상이 없는 존재요, 또 하나는 형상을 지닌 존재이다. 형상이 없는 존재라면, 그는 초인격적 존재이기 때문에 인간의 말과 글로는 형용할 길이 없다. 어떤 학자는 이 형상이 없는 존재를 '높은 브라흐만'이라 부른다. 아무리 인간이 까치발을 하고 보려 해도 볼 수 없는 지고의 높이에 있기 때문이다. 그래서 우파니샤드는 초인격적 존재인 브라흐만에 인격의 옷을 입힘으로써 유한한 인간이 자기 존재의 뿌리를 알 수 있는 길을 터놓았다. 벙어리 엄마가 자기 아이에게 사랑이라는 말을 깨닫게 해주기 위해 눈물을 뚝뚝 흘렸다는 이야기처럼 말이다. 이처럼 우리와 인격적 교감이 가능해진 브라흐만은 '낮은 브라흐만'이라 일컬어진다.

이렇게 지고의 영(靈)인 브라흐만과 교감을 나눌 수 있는 길을 터놓았기 때문에 우리는 존재의 원천인 브라흐만에 대해 명상할 수 있다. 명상이란 결국 어떤 대상에 집중하는 것이 아니던가. 집중을 위해서는 어떤 형상이나 속성을 가진 브라흐만이 필수적이다. 비움(空)을 강조하는 불교에 황금빛 찬란한 불상이 있고, 어떤 형상도 만들기를 꺼려하는 천주교가 마리아상을 성당 앞에 두지 않던가. 물론 우리가 형상을 입은 존재를 명상하는 것은 형상이 없는 참존재에 도달하기 위해서이다.

예컨대 인도 수행자들이 명상할 때 많이 사용하는 소리 '아움' (AUM; Om이라고도 말해진다)은 브라흐만의 구체적인 속성을 잘 나타내준다. '아움' 혹은 '옴'은 우주의 신성한 원음(原音)으로 여겨진다. 어느 귀 밝은 혼이 있어 우주의 첫 새벽을 여는 이 성스런 고고성(呱呱聲)을 들은 것일까. 하여간 이 신성한 소리글자는 눈으로 보기만 해도 어떤 신통력이 있는지 인도의 기념품점 같은 데서도 은박이나 금박으로 조형을 만들어 파는 것을 볼 수 있다. 브라흐만을 나타내는 소리상징인 '아움'은 지고한 영혼의 상징이며 '비길 데 없이 높은 것의 표상'으로 여겨진다.

'아움'은 또한 브라흐만의 완전성의 상징이며 구체성의 상징이기도 하다. 그것은 세월이 흘러 브라흐마, 비슈누, 시바로 인격화되어 지고한 영혼의 세 가지 속성을 나타낸다. 즉 'A'는 창조자 브라흐마, 'U'는 유지자 비슈누, 'M'은 파괴자 시바이다. 이런 간단한 약어(略語)를 만들어 궁극적 실재를 명상하도록 한 그 예지가 놀랍고 신비롭지 않은가. 그러니까 우리가 '아움'을 명상하게 되면, 그 '아움'을 통해 속성이 다른 세 신을 아우르며 궁극적으로 '브라흐만'에 집중하게 되는 것이다.

우파니샤드에는 이런 소리 상징 외에도 브라흐만을 다양한 언어로 묘사하고 있다. '없음(無)'조차 형상화해야 한다고 했던 어떤 시인의 말처럼, 우파니샤드 현자들은 '없는 듯 있는' 브라흐만을 묘사하

✳ 천에 수놓아진 '옴' 글자

기 위해 적극적이고 긍정적인 노력을 멈추지 않았다. 차안에서 피안 사이에 놓인 깊은 강을 건너도록 하기 위해 다리를 놓는 심오한 지혜랄까. 차안에서 피안을 건너다보고 있는 우리에게 우파니샤드의 현자는 브라흐만을 '존재satya', '지성jnana', '무한ananta'이라고 일러준다. 이것은 흔히 브라흐만의 본질적 정의로 알려져 있다.

첫째로 브라흐만은 불변하는 존재이기 때문에 세상의 변하는 것들과 구별된다. 모든 피조물들에게는 '변화의 낙인'이 찍혀 있다. 따라서 나고 늙고 병들고 죽는, 소위 변화를 겪는 것들은 비존재이고 불변하는 브라흐만은 존재인 것이다.

둘째로 브라흐만은 정신의 영역에 있는 존재이기 때문에 물질적인 것들과 구별된다. 따라서 물질적인 것은 비지성이고, 브라흐만은 지성이라는 것이다. 즉, 브라흐만은 앎의 대상이 아니라 앎의 근거이므로 참된 지성이라는 것이다.

셋째로 브라흐만은 불멸이기 때문에 소멸할 것들과는 구별된다. 따라서 소멸할 것들은 유한이고 불멸의 신비인 브라흐만은 무한이다. 브라흐만은 태어남도 죽음도 여읜 존재이며, 유한한 인간이 갇힌 시간과 공간을 초월한 존재이기에 무한이라 일컬어지는 것이다.

이 세 가지 본질적 속성에 '희열ananda'을 덧붙이기도 한다. 브라흐만은 절대적 기쁨인 '희열'의 존재이기도 한 것이다. 근대 인도의 성자 라마크리슈나의 신비체험에서 보듯이, 인간은 브라흐만을 무한으로 경험하는 깨달음의 황홀경 속에서 브라흐만이 지닌 그런 희열의 속성을 맛볼 수 있다는 것이다. 물론 브라흐만은 이 세 가지, 혹은 네 가지 속성을 동시에 지닌 존재이다. 우파니샤드에는 브라흐만에 대한 숱한 묘사가 있지만, 대체로 '존재', '지성', '무한'이라는 범주를 벗어나지 않는다.

그러나 우파니샤드가 묘사하는 브라흐만의 이런 속성을 안다고 해서 그를 안다고 말할 수는 없다. 마치 장님들이 코끼리를 만져보고 각각 다른 소회를 밝히는 것처럼 그러한 앎이란 부분적 지식에 불과하기 때문이다. 브라흐만은 인간의 지성이 묘사하는 속성조차 초월해 있는 존재인 것이다.

기독교 신비가인 마이스터 엑카르트의 통찰도 이와 다르지 않다.

우리가 하느님을 가리켜 무엇이라고 말하든 간에, 그것은 하느님이 아니다. 우리가 하느님을 가리켜 말한 것은 하느님이 아니다. 우리가 하느님을 가리켜 말하지 않은 것, 그것이 하느님이다.

따라서 우리는 내 안에, 그리고 우주 만물 속에 내재해 있는 신비로운 존재인 브라흐만에 대해 오히려 '모름(무지)'을 고백하는 것이 옳다. 우파니샤드의 현자가 충고하듯이 브라흐만에 대해 '안다'는 지성의 자만을 버리고 어린아이처럼 되는 것이 어리석음을 면하는 길이다.

모름을 머금은 아이처럼

아무튼 '거꾸로 선 나무'는 오늘 우리가 잃어버린 우주적 신성(브라흐만)에 대해 깊이 사색할 수 있도록 이끌어준 멋진 상징이다. 내가 명상하던 보리수나무 그늘이 오래도록 내 마음 속에 자리 잡고 있듯이, 거꾸로 선 나무는 내가 본질로부터 멀어질 때마다 나를 일깨우려 내 마음 속에 우뚝 솟아날 것이다. 하지만 상징은 상징일 뿐이다. 그 상징의 눈짓을 이해하고 나면 상징은 더 이상 필요치 않다.

장난감을 가지고 혼자 놀던 아이가 엄마가 나타나면 장난감을 버리고 엄마 품으로 달려가는 것처럼, 우리는 장엄하고 불가해한 우주적 신성 앞에서 '앎'이라는 장난감을 버리고 '모름'을 머금은 채 그 품에 안길 수밖에 없는 것이다. 오만한 지성은 그 알량한 '앎'의 희열만 알았지 '모름'의 희열은 모른다. 말하자면, 많은 이들은 '모름'을 머금은 '앎'의 희열을 모른다.

내 친구 카틱은 그런 희열을, 그런 평화를 이미 알고 있었던 것일까. 문득 지난여름 카틱이 자기 집 흙마당에 짚자리를 깔아놓고 그 위에 앉아 시타르를 켜며 신명나게 불러주었던 타고르송이 생각난다. 그는 타고르송을 여러 곡 외우고 있는 듯했다. 그는 어린아이 같은 천진한 표정과 희열이 담긴 목소리로 〈기탄잘리〉의 한 대목을 불러주었다. 〈기탄잘리〉는 '신에게 바치는 송가'란 의미로, 타고르는 이 시집으로 노벨문학상을 수상한 바 있다.

카틱이 불렀던 곡의 기억은 어느덧 까마득하지만 한국어로 번안된 시는 외우고 있기에 숙소로 돌아가는 숲길을 느릿느릿 걸으며 타고르의 시를 혼자 흥얼거렸다.

당신이 내게 노래를 부르라 하시면
내 가슴은 자랑스러움으로 터질 듯하고
당신의 진리 가득한 눈을 올려다보면
내 두 눈에선 눈물이 흐릅니다.

내 생명에 깃든
거칠고 모난 모든 것들이
한줄기 감미로운 화음으로 녹아들고,
마치 바다를 건너는 즐거운 새처럼
나의 찬미는 큰 나래를 펼칩니다.

당신이 내 노래에서 기쁨을 얻으시리라 믿습니다.
오직 노래하는 자만이
당신 앞에 가까이 갈 수 있음을 믿습니다.

활짝 펼친 내 노래의 날개 끝으로
나는 감히 닿을 수 없는
당신의 발을 어루만집니다.

노래의 기쁨에 젖어 나는 넋을 잃고

내 주인이신 당신을

감히 친구라 부릅니다.

〈기탄잘리〉에서

3

내 안에 있는 신성의 불꽃

❧ 소중한 참자아, 아트만 ❧

지고의 아트만을 알면
모든 올가미는 사라지고,
그리하여 고통도 사라지고
생사의 윤회는 끝난다.
슈베타슈바타라 우파니샤드

나마스카!

고파이 숲은 매혹이었다. 새벽이 밝아오면 숲은 온갖 새들의 지저귐으로 수런거렸다. 내가 둥지를 틀고 머물던 샨티니케탄 외곽에 있는 고파이 숲은 대학 안에 있는 차팀타라 숲보다 인적도 드물고 늘 한적했다. 나는 고파이 숲을 발견한 뒤 새벽마다 고파이 숲으로 산책을 나섰다. 숙소에서 나와 대학 반대쪽으로 난 황토 먼지 풀풀 날리는 길을 걸어 작은 강에 놓인 다리를 건너면 곧바로 고파이 숲이 펼쳐졌다.

겨울에 해당하는 절기지만 아열대의 숲은 여전히 푸르렀다. 숲에 아늑히 휩싸인 강물도 푸르렀다. 숲은 강물 위로 떠 있는 형국이어서 강물의 잔잔한 흐름이 숲의 푸름을 싱싱하게 머금고 있기 때문이었다. 해 뜨기 전 들고나는 새들의 청청한 지저귐은 숲을 한껏 더 푸르게 만들고 그 숲과 강의 야생적 조화로움은 여행자의 마음을 더욱

나마스카!
숲의 일원으로 나를 받아준 숲의 동무들에게 인사를 건넨다.

나마스카!
내 안에 있는 신이 그대 안에 있는 신을 알아본다는 뜻의 인도식 인사말이다.
이때껏 이런 깊은 뜻이 담긴 인사말을 어디서도 들어본 적이 없다.

* 고파이 숲

고즈넉하게 해주었다.

큰 나무들이 빽빽한 숲으로 들어가면 신의 존재를 느낀다고 철학자 키케로가 말했던가. 하긴, 왜 아니겠는가. 나는 고파이 숲을 초록 사원이라고 명명했다. 꽃과 나무와 새와 강물과 바람과 태양과 같은 만물이 어우러져 벌이는 대자연의 성스런 축제에서 그 중심에 살아계시는 '조화여신'의 현존을 온몸으로 느낄 수 있기 때문이다.

오늘 아침도 창가에 날아와 우짖는 새소리에 잠이 깨어 고파이 숲으로 산책을 나선다. 대평원 위로 고운 얼굴을 드러낸 해님이 내 팔짱을 바짝 당기며 동행을 청한다. 숲길로 들어서니 아직 눈곱도 덜 떨어진 개들이 숲길을 어슬렁거리며 눈인사를 건넨다. 야생에 가깝지만 개들은 대체로 순하다. 주인이 없는 개들은 인가 주위를 서성이며 사람들이 버린 음식 찌꺼기를 주워먹거나, 이른 새벽 사람들이 마을을 벗어나 으슥한 숲 그늘에 쭈그리고 앉아 싸놓은 인분도 말끔히 처리한다. 인도 땅에선 개나 소 같은 짐승들이 자연의 청소부

노릇을 톡톡히 하는 셈이다.

이처럼 우리에 가둬 키우지 않는 야생이 사람의 생과 조화를 이루는 무위無爲의 낙원을 '오래된 미래'라 부르던가. 개들은 낯선 이를 만나도 짖지 않는다. 자줏빛 점박이 염소들도 나무 밑을 어슬렁거리며 마른 나뭇잎을 입에 물고 오물거리다 나를 쳐다보고는 고개를 갸웃갸웃 눈인사를 건넨다.

나마스카!

숲의 일원으로 나를 받아준 숲의 동무들에게 나도 웃으며 인사를 건넨다. 나마스카! 내 안에 있는 신이 그대 안에 있는 신을 알아본다는 뜻의 인도식 인사말이다. 정말 멋진 인사말이 아닌가. 나는 이때껏 이런 깊은 뜻이 담긴 인사말을 어디서도 들어본 적이 없다.

숲에 들어 나무와 새들의 환호를 받으며 걷다 보면, 대자연이 베풀어주는 값없는 선물에 고마움을 느끼게 된다. '베풀어' 준다고 했지만, 나무를 비롯한 대자연은 베풀어준다는 시혜의식 없이 그냥 베푼다. 사심 없는 나눔이다. 빛을 비추어 만물을 살리는 태양이 그렇고, 신생의 향기를 뿜어내주는 나무가 그렇고, 지상의 더러움을 말끔히 씻어주는 강과 대지가 그렇다.

창조계는 하느님의 선이 녹아서 된 것이라는데, 사심 없는 나눔을 베푸는 저 대자연의 벗들을 보면 정말 그 말에 고개가 끄떡여진다. 사람의 나눔과는 다르다. '나' 혹은 '나의 것'이라는 에고의식을 여읜 이런 나눔을 사람 세상에서 찾아보기가 어디 그리 쉽던가. 사람이 주인이 아니라 금화가 주인이 된 세상에서는 값없는 것들의 고 마음을 모른다. 본말이 뒤집혀, 오로지 돈을 주인으로 섬기는 세상에선 값없는 것들의 소중함을 쉽게 망각한다. 쓸모는 오직 돈으로 환산된다. 돈이 안 되는 것은 쓸모없는 것이 된다. 쓸모없는 것처럼 보이는 것이 진정 쓸모 있는 것임을 모른다.

값없는 것이 귀하다

중국의 한 영적 스승이 들려주는 다음의 이야기는 이처럼 황폐해진 우리의 내면을 비춰주는 거울이다.

> 한 제자가 자기 영혼의 스승을 찾아가 물었다.
> "스승님, 세상에서 가장 소중한 게 무엇입니까?"
> "죽은 고양이다."
> 스승의 대답에 놀란 제자가 다시 물었다.
> "어떻게 죽은 고양이를 귀하다고 말씀하십니까?"
> "값이 없기 때문이다."
> 스승의 가르침을 듣고 제자는 깊은 깨달음을 얻었다고 전해진다.

정말 그렇다. 값없는 것들이야말로 정말 값진 것들이다. 햇빛, 공기, 바람, 나무 그늘, 저녁놀, 수평선, 아가의 미소, 어머니의 사랑 등등 우리가 우주 만물로부터 받아 누리는 값없는 것들의 목록을 헤아리자면 끝이 없다. 이런 값없는 것들이 부재한다면 삶이 불가능한데도, 사람들은 이 값없는 선물들을 당연한 것으로 치부하고 감사하지 않는다.

하여간 나는 고파이 숲이 주는 값없는 선물을 받으며 숨통이 활짝 열리는 느낌이다. 숲에 깊이 발을 들여놓자 나도 몰래 깊은 숨을 몰아쉬게 되고, 나무 그늘을 찾아 가부좌를 틀고 앉아 명상에 들고 싶어진다.

우리는 그동안 얼마나 '숨'을 잊고 헐떡거리며 살았던가. 숱한 욕망을 부추기는 자본주의 문명에 편승하여 경마장의 말들처럼 질주하고 또 질주하는 것만이 당연한 삶인 것처럼 여기며 살아오지 않았던가. 우리는 고요히 앉아 아무것도 하지 않는 시간을 잠시도 견디지 못한다. 장자의 가르침과 같이 고요히 앉아서 자기를 잊는 것坐忘은 시대착오적인 퇴보로 여기고, 어쩌다 눈을 감고 자리를 틀고 앉아서도 질주坐馳하듯이 살아간다. 그렇게 미친 경주마처럼 질주하고 질주한 결과는 무엇이던가.

신을 모셔야 할 성스런 사원인 우리의 내면은 시퍼런 쑥대 우거지고 거미줄만 가득한 폐사지처럼 되어버렸다. 우리는 이제 우리의 시선을 내면으로 돌려야 한다. 외향적 가치에 몰입한 나머지 황폐해진 존재의 사원을 재건하려면, 숲의 거울에 우리 자신을 비추어보아야 한다. 실보다 가늘어서 보이지 않는 우리의 숨결을 먼저 살피는 것이 황폐해진 사원의 주추를 놓는 일임을 깨달아야 한다. 지금 내가 걷고 있는 숲이 그것을 일러준다. 어떤 시인의 말처럼 숲은 '숨의 바다'가 아니던가. 숨의 바다인 숲에 들 때 숨통이 활짝 열리지 않던가. 숲의 숨결에 내 숨결이 포개질 때 생기가 솟지 않던가. 밥벌이에 급급해 코끝의 숨을 잊고 산 적이 얼마나 많았던가.

인도의 살아 있는 구루인 스와미 웨다는, 분노에 마음을 빼앗겨 숨 쉬는 것을 잊었던 몇 분간을 자기가 죽을 뻔한 순간이었노라고 토로했다. 숨을 잊고 산 순간은 우리가 죽은 것이나 다름없다는 것인데, 숨을 베풀어준 자기 존재의 원천과 분리되어 있기 때문이다.

숨, 감각의 주인

요즘 내가 머리맡에 즐겨 두고 읽는 《우파니샤드》에 보면, '숨'에 관해 주목할 만한 담화가 나온다.

한번은 인간의 몸의 감각들이 '내가 가장 훌륭하다. 내가 가장 오래된 자다'라며 서로 다투기 시작했다. 아무리 다투어도 문제가 해결되지 않자 그들은 창조주 프라자파티에게 갔다.

"존경하는 아버지, 저희 중에 누가 가장 훌륭합니까?"

프라자파티가 그들에게 대답했다.

"너희 중에 누구든지 몸을 떠날 때 몸이 가장 곤란하게 되는 자가 가장 훌륭한 자이니라."

먼저, 목소리가 몸을 빠져나가 일 년 동안을 밖에서 나다니다가 돌아와 물었다.

"내가 없는 동안 어떻게 지냈소?"

다른 감각들이 대답했다.

"벙어리가 말을 못하듯 말을 하지 않고 지냈소. 그러나 숨으로 숨을 쉬고, 눈으로 보고, 귀로 들으며, 마음으로 생각하며 지냈소."

그래서 목소리는 다시 몸으로 들어왔다. 그 다음에는, 눈이 몸을 빠져나가 일 년 동안 밖에서 나다니다가 돌아와 물었다.

"내가 없는 동안 어떻게 지냈소."

다른 감각들이 대답했다.

"장님이 보지 못하듯 보지 않고 지냈소. 그러나 숨으로 숨을 쉬고, 목소리로 말을 하고, 귀로 들으며, 마음으로 생각하며 지냈소."

그래서 눈은 다시 몸으로 들어왔다. 그 다음에는 귀가, 또 그 다음에는 마음이 몸을 빠져나가 일 년 동안을 나다니다가 돌아와 똑같이 물었고, 그 대답도 비슷하다. 이제 마지막으로 숨이 몸을 빠져나가려고 했다. 훌륭한 말이 발에 묶인 줄을 맨 못을 뽑아버리듯, 숨이 다른 감각들을 몸에서 뽑아 버렸다. 그러자 모든 감각들이 숨에게로 와서 고개를 조아리며 간청했다.

"숨이여, 그대가 우리의 주인이십니다. 우리 가운데 그대가 가장 훌륭하십니다. 제발 우리 곁을 떠나지 말아 주십시오."

찬도기야 우파니샤드

이 우화는 '숨' 이야말로 감각들의 주인임을 흥미롭게 밝히고 있

❋ 명상에 잠긴 시바

다. 아무리 뛰어난 감각도 숨이 없으면 제 혼자서 할 수 있는 일이 없다. 깃털보다 가벼운 것이 숨이지만, 이 숨이 뚝 끊어지면 우리 몸의 감각들도 기능을 멈추고 만다. 이런 점에서 숨은 인간의 '육신의 핵심'이다. 그래서 어떤 요기는 깃털보다 가벼운 숨을 우주의 무게와 저울질할 수 있다고 했다.

《우파니샤드》는 인간의 숨이 '육신의 핵심'일 뿐만 아니라 우주적 신성인 '브라흐만(혹은 아트만)'이라고 말하기도 한다. 여기서 주목할 것은, 우파니샤드의 으뜸 개념인 '아트만(참자아)'이란 말이 우파니샤드 이전의 문헌들에서는 인간의 '숨^{prana}'을 일컫는 것이었다는 점이다. 그러던 것이 우파니샤드에 오면서 인간의 '참자아'나

'우주적 자아'를 뜻하게 되었다. 그래서 한 인도철학자는 보이지 않는 숨이 인간에게 소중한 것이듯이, 우주나 인간 속에도 마치 기氣처럼 흐르는 내밀한 그 무엇이 존재한다는 생각은 매우 자연스러운 일이라고 말한다. 현자 야자발키야는 비데하 왕국의 자나카 왕에게 아트만을 숨에 비유하여 다음과 같이 재미있게 설명한다.

> 마차가 무거운 짐을 싣고 갈 때 덜컹거리는 소리를 내듯,
> 이 육신도 스스로 빛을 내는 지고의 아트만의 힘으로
> 그 안에 지혜의 아트만을 싣고 가기 때문에 덜컹거리는 소리를 냅니다.
> 사람이 숨을 들이쉬고 내쉬는 소리가 바로 그것입니다.
> 브리하다란야카 우파니샤드

불멸의 신비

하여간 숨이 인간의 육신을 지배하듯이 아트만은 인간의 생명을 존재하게 하는 어떤 불변의 원리이다. 숨이 끊어져 육신이 불에 태워져도 사라지지 않는 불멸의 영혼이 곧 아트만이다. 기독교의 한 신비가도 인간 속에는 불멸하는 '신의 씨앗'이 들어 있다고 말했다. 우파니샤드가 말하는 아트만이든 혹은 기독교가 말하는 신의 씨앗이든, 인간 속에 불멸의 신성이 불꽃처럼 살아 있다는 것은 참으로 놀라운 신비이다. '나'의 안에 불멸하는 '나'의 참 모습이 있다니!

그 신비를 현자인 야자발키야는 이렇게 설명한다.

> 그는 잡히는 것이 아니기 때문에 '잡히지 않는 존재' 라 부르고,
> 쇠하는 것이 아니기 때문에 '쇠하지 않는 존재' 라 부르고,
> 어디에 매여 있는 것이 아니기 때문에 '매이지 않는 존재',
> 고통을 겪지 않고 상처를 입지 않기 때문에
> '고통이 없는 존재' 라 부르지요.
> 브리하다란야카 우파니샤드

아트만은 이처럼 속박이 없고, 고통이 없고, 소멸하지 않고, 얽매임이 없는 참 자유의 근원이요 불멸의 신성이다. 그런데 이런 불멸의 신성이 인간 속에 내재한다는 것이다. 우파니샤드에서 신은 초월하지 않고 내재한다. 아빌라의 테레사 수녀가 '영혼의 성城' 이라 불렀던 인간 존재의 내실에 그 성의 주인인 아트만이 있다는 것이다. 자기 내면을 들여다 볼 눈을 뜨지 못한 사람에게는 '아트만' 이라는 신비로운 실재가 미심쩍을 것이다. 유물론자처럼 육안으로 보이는 것만 존재한다고 여기는 사람은 '아트만' 이라는 신비로운 실재를 아예 인정하려 들지 않을 것이다.

하지만 그런 사람도 바깥 세상에 절망하여 그 시선을 성의 안쪽으로 돌려 자기 안의 성주(아트만)를 알게 되면 새로운 삶의 광명에 눈뜰 것이다. 아트만에 대한 앎을 통해 자기 자신이 신처럼 고귀한 존재임을 자각하게 되기 때문이다. 세상의 그 어떤 지식도 자기 속

* 푸자에 사용될 짚으로 만든 신상들

에 빛나는 숭고한 보물인 아트만에 대한 지식에는 비견할 수 없다. 앞서 언급한 자나카 왕은 이런 숭고하고 내밀한 지식을 알려준 야자발키야에게 자기의 왕국과 자기 존재 전체를 바치겠다고 했다. 아트만이 자기 왕국보다, 사랑하는 아들보다, 세상의 그 무엇보다 소중한 것임을 깨달았기 때문이다. 오늘날의 우리도 자신이 불멸의 신성을 지닌 아트만임을 깨닫는다면 세속적인 행과 불행, 삶과 죽음에 휘둘리는 평범한 존재로 살지 않을 것이다.

그러면 그렇게 내 속에 나와 가장 가까이 있는 아트만은 도대체 어디에 어떤 모습으로 존재한단 말인가. 우파니샤드는 아트만이 엄지손가락만 한 크기로 '사람의 심장'에 머무른다고 한다. 엄지손가락 크기의 아트만이 '심장'을 거처로 하고 있다? 이것은 물론 의학적 관점에서 다룰 문제는 아니다. 아마도 심장이 생명을 위해 중요한 비중을 차지하는 장기라 그렇게 표현한 것이 아닐까. 심장이야말로 우리 몸의 가장 안쪽에 위치하면서, 심장이 뛰느냐 멈추느냐에 따라 생사가 결정되지 않던가. 아트만은 심장이 그렇듯이 인간의 가장 깊고 내밀한 곳에 존재하며, 또한 인간의 삶과 죽음을 가장 가까이서 지켜보는 불멸의 신비인 것이다.

하여간 우파니샤드가 제시하는 아트만이라는 개념은 자기 바깥에서 삶의 문제에 대한 해답을 찾던 사람들의 시선을 자기 내면으로 향하도록 만든다. 자기 안으로만 시선을 돌려도 참자아의 실현, 곧 삶의 완성에 이를 수 있다는 이 놀라운 발견! 바로 이런 점 때문에 한 인도 철학자는 우파니샤드가 아트만을 발견한 것은 인도 사상의 가장 위대한 유산이라고 지적했다.

그러면 우리가 우리 안에 있는 아트만을 자각함으로써 어떤 삶의 변화가 올까. "지고의 아트만을 알면 모든 올가미는 사라지고, 그리하여 고통도 사라지고 생사의 윤회가 끝난다."고 우파니샤드의 현자는 말한다. 우리가 자기 자신을 덧없는 자기의 육체나 소유와 동일시하지 않고, 자기 안에 있는 불멸의 신성 아트만과 동일시한다면 삶의 고통과 부자유에서 벗어나 참된 평온에 이를 수 있다는 것이다.

만일 '내가 아트만이다' 하는 진리를 깨닫는다면
사람이 무엇을 욕망하며
무엇 때문에 육신의 고통을 겪겠는가.
브리하다란야카 우파니샤드

더욱이 우리가 '내가 아트만이다' 라는 놀라운 신비를 깨닫게 되면 만물이 소중해진다고 한다. 사람을 비롯한 만물 속에 불멸의 신성 아트만이 내재해 있다면, 어찌 우리가 만물을 소중히 여기고 사랑하지 않을 수 있겠는가. 해월 최시형이 "천지만물 가운데 한울님을 모시지 않은 것이 없다天地萬物莫非侍天主也"고 했는데, 표현은 다르지만 같은 통찰이 아닐까. 이와 같이 우파니샤드는 태양, 공기, 나무, 강, 식물, 동물 등 모든 존재를 떠받치는 아트만과 인간 안의 아트만이 다르지 않다고 일러준다. 만물 속에 있는 아트만이 나의 아트만과 다르지 않다면, 만물이 곧 나요 내가 곧 만물이 아닌가. 그렇다면 우리가 만물을 사랑하고 소중히 여기는 것은 아주 자연스러운 일이 될 것이다.

　내 안에 현존하고 만물 속에 편재하는 신성 아트만! 그는 내가 깨어 있을 때나 잠들어 있을 때나 우리 안에 살아서 항상 우리의 삶을 지켜본다고 한다. 항상 깨어서 이 세상을 살아가는 '나'의 모든 행위를 지켜보는 '관조자'인 것이다. 눈이 없지만 나를 지켜보는 그 '참나' 아트만의 눈길을 의식하면 나는 때때로 경외감에 사로잡힌다. 그 경외감은 불멸의 신성이 보잘 것 없는 나와 둘이 아니라는 두려움 때문이기도 하고, 내가 그 불멸의 신성과 둘이 아닌 하나임을 온몸으로 느낄 때 미세한 파장으로 떨려오는 '살아 있음의 황홀' 때문이기도 하다.

내 영혼은 창조되던 날만큼 젊다

　나는 푸른 고파이 숲길을 걸으며 그런 '살아 있음의 황홀'에 흥건히 젖어들었다. 숲 옆으로 흐르는 강물에 몸을 담그지 않아도 강물과 내가 한 몸임을 느낄 수 있었다.

　강물은 고여 있는 늪처럼 흐름이 느껴지지 않았다. 거대한 평원으로 이루어진 인도 대륙의 느린 숨결이 작은 강줄기에도 잔잔히 스며 있기 때문이리라. 티베트를 다녀온 어느 여행가가 '시간이 말과 야크가 걷는 속도로 흘러간다'고 했는데, 나는 인도의 시간은 강물의 속도로 흘러간다고 말하고 싶다.

너도밤나무 수종이 우거진 숲길을 걷다가 유칼리나무 우거진 고요한 숲 그늘로 들어가 앉아 잠시 명상에 잠긴다. 들숨과 날숨을 지켜보는 사이에도 지나간 날들이 파노라마처럼 스쳐 지나간다. 나는 나 자신에게 묻는다.

> 보물은 네 안에 있는데,
> 왜 바깥에서 보물을 찾으려 그토록 애썼는가.
> 왜 나지도 죽지도 않는
> 네 존재의 항아리에 담긴
> 영원한 생명의 황금빛 보물을 캐내려 하지 않았는가.
> 눈만 뜨면 나고 병들고 늙고 죽는
> 윤회의 고리를 보면서도
> 왜 환(幻)의 술에 취해
> 네 자신의 참된 자아로 깨어나지 못하는가…….

이런 회한 섞인 질문 끝에 나는 호흡에 집중할 수 있었다. 얼마나 시간이 흘렀을까. 몸과 마음이 가뿐해질 즈음 천천히 몸을 일으킨다. 그리고 내게 그늘을 만들어 주었던 키 큰 유칼리나무를 올려다본다. 수령을 가늠하기 어렵지만 몇 십 년은 돼 보인다. 하지만 나무는 아무리 나이를 먹어도 늙지 않는다. 항상 푸르고 젊다. 땅 위에 늙은 나무란 없는 것이다.

사람은 나무처럼 오래오래 젊음을 향유할 수는 없는 것일까. 살과 뼈를 지닌 새장 같은 육체만으로는 그렇다. 금화와 명리에 집착하고 감각적 쾌락에 탐닉하는 육체만으로는 그렇다. 하지만 우리가 우리 안에 있는 '아트만'을 자각하고 그것과 하나 된 삶을 산다면, 우리 역시 늙음이 없는 가장 오래된 존재로서 신의 젊음을 향유할 수 있을 것이다.

> 영혼은 그것이 창조되던 날만큼이나 젊습니다.
> 나의 영혼도 그것이 창조되던 날만큼이나 젊습니다.
> 아니, 훨씬 더 젊습니다.
> 내가 오늘보다 내일 더 젊어진다고 해도
> 그것은 전혀 놀라운 일이 아닙니다.
> 마이스터 엑카르트

그러면 우리는 어떻게 내 '영혼이 창조되던 날만큼' 그렇게 젊고 팔팔할 수 있을까. 우리가 일상적인 시간을 여의고 '영원한 현재'에 들어감으로써 그런 팔팔한 젊음을 누릴 수 있다고 한다. 이미 지나가버린 과거에 연연하지 않고 아직 오지 않은 미래를 앞당겨 염려하지 않고 '지금 이 순간'을 성실하게 산다면, 그런 창조적 젊음을 누릴 수 있다는 것이다. 나무는 말이 없지만 이미 그렇게 살아가고 있는 것이 아닐까. 항상 영원한 현재를 호흡하며 잎과 꽃을 피우고 열매를 맺으며, 광활한 허공에 가지를 뻗어가면서도 길을 잃지 않는

＊ 유칼리나무에 쓰인 글자

누가 장난삼아 쓴 것인지는 모르지만
　그 글귀를 읽는 순간 문득 가슴이 뭉클해진다.
　　나는 유칼리나무로 다가가서 나무 둥치를 두 팔로 부둥켜안고 나무에 입을 맞추었다.
그래, 그래, 날마다 너에게 키스해주마!

다. 어두운 대지에 뿌리를 박고도 불평 한 마디 하지 않고, 빛을 주는 태양을 향해 고마움을 표시하듯 우쭐우쭐 춤추며 자란다.

돌아가야 할 시간이 되어 발길을 돌리려는데 저만치 강가에 선 유칼리나무 흰 껍질에 쓰인 붉은색 글귀가 내 눈길을 잡아당긴다.

KISS ME!

누가 장난삼아 쓴 것인지는 모르지만, 그 글귀를 읽는 순간 문득 가슴이 뭉클해진다. '숲을 사랑하자!' 따위의 상투적인 글귀보다 훨씬 더 가슴에 닿아오지 않은가. 나는 유칼리나무로 다가가서 나무 둥치를 두 팔로 부둥켜안고 나무에 입을 맞추었다. 그래, 그래, 날마다 너에게 키스해주마!

한 시간 이상을 걸어도 끝이 보이지 않는 한적한 숲길을 돌아 나오며 나는 숲의 고요한 숨결 위에 내 숨결이 겹쳐져 있음을 느낀다. 그리고 곧잘 암송하는 시 한 수를 떠올렸다.

똑바르게 서 있는 저 장엄한 나무들 사이로
나는 무릎 꿇은 채 걸어가리.
나에게 이런 날이 또 있을까.
기도할 곳을 만나는 이런 날이.

기도하는 나무들은 일어나 달려간다.

한 번의 넘어짐도 없이, 태양을 향해……

그렇게 내 영혼도

중심의 불꽃을 향했으면.

작자 미상

4

이름 붙일 수 없는 큰 물건이 되라

✦ 범아일여(梵我一如), 브라흐만과 아트만은 하나 ✦

강들이 흘러흘러 바다에 도달하면
'강'이라는 이름을 버리고 바다와 하나가 되듯
진리를 알게 된 사람은
'이름'과 '형태'의 구속에서 풀려나
신성한 푸루사에 도달하게 되리라.

문다카 우파니샤드

소 숭배는 현재진행형?

　인도 땅을 처음으로 밟았을 때 가장 먼저 내 눈길을 사로잡은 것은 어슬렁거리는 소들이었다. 무수한 인파와 자동차로 붐비는 도시든 한적한 시골이든, 그 어디를 가든 먹이를 찾아 어슬렁거리는 소들을 만날 수 있었다. 낯선 풍습, 낯선 사람들 속에 섞이며 마음은 잔뜩 긴장되었지만, 방목放牧의 자유를 누리는 소들을 보면서 마음도 자연스레 이완되었다.
　인도의 수도 뉴델리, 뜯어먹을 풀 한 포기 보이지 않는 도심의 거리를, 뜯어먹을 수 없는 낡은 자전거와 릭샤와 택시와 버스가 뒤엉켜 질주하는 거리를, 소들은 우뚝 솟은 뿔을 흔들며 거칠 것 없는 왕처럼 어슬렁어슬렁 흘러가고 있었다. 인도의 소들은 복잡한 거리에서도 우선권을 갖는 것 같았다. 소가 거리 한복판을 가로막고 있으면 차량이나 사람이나 모두 비켜갔고, 소가 길을 건너고 있으면 차

❋ 푸리의 한 호숫가에서

량도 사람도 멈추어서서 소가 지나가기를 기다렸다. 실제로 인도에서 소를 죽이는 것은 자기 어머니를 죽이는 것과 같은 죄로 여긴다고 한다. 따라서 인도의 운전사들은 소를 위해서는 브레이크를 밟지만 보행자를 위해서 늘 브레이크를 밟지는 않는다는 우스갯소리가 있다. 코뚜레도 없는 소, 고삐도 없는 소, 그 누구의 간섭도 받지 않는 소. 인도의 소들은 지구 위의 어떤 동물도 누리지 못하는 자유를 흠뻑 누리는 것처럼 보였다.

물론 농촌의 소들은 사정이 달랐다. 논밭을 가는 소들은 고삐에 매여 쟁기를 끌었고, 수레에 매인 소들은 멍에를 등에 얹고 낑낑대며 무거운 짐수레를 끌었다. 한동안 내가 머물던 샨티니케탄에서는 농산물들을 수레에 싣고 시골길을 오가는 농우農牛들을 자주 볼 수 있었는데, 그럴 때마다 자연스레 어린 시절로 회귀한 착각에 빠져들곤 했다.

　농부의 아들로 태어난 나는 어린 시절부터 집에서 기르던 소와 친하게 지냈다. 소는 외톨이였던 내게 동무나 다름이 없었다. 초등학교 시절 학교가 파하고 돌아오면 들일을 나간 아버지가 강둑에 매 놓고 간 소를 찾아가서 고삐를 끌러 소에게 풀을 뜯기곤 했다. 나는 소가 즐겨 뜯어먹는 풀들을 잘 알고 있었고, 소가 맛있게 풀을 뜯어 먹는 것을 보고 문득 허기를 느끼면 그 풀을 뜯어 꼭꼭 씹어 보기도 했다. 저물녘, 어스름이 내리기 시작하면 소를 앞세워 집으로 발걸음을 재촉했다. 더러는 앞서 걷던 소가 문득 멈춰 서서 그 보랏빛 꽃무늬 항문으로 쑥찐빵 빛깔의 소똥을 뚝뚝 쏟아낼 때면 그 배변의 모습에서 어떤 장쾌함마저 느꼈다.

　이처럼 소와 동무해 지내던 그 무렵의 내 꿈은 소를 치는 목동! 나는 목동의 꿈을 이루기 위해 농업고등학교를 다녔지만 하늘의 뜻은 내 뜻과는 달랐던지 끝내 그 꿈을 이루지는 못했다. 하지만, 성장한 후 이 땅의 후미진 산하를 떠돌며 사람들에게 하늘생명의 꿀을 뜯기는 목양牧羊의 꿈만은 이루었다.

　나는 인도 땅에 와 소들을 보며 어린 시절에 대한 향수에 젖어들었다. 돌아올 수 없는 시절에 대한 향수이지만, 그래도 나는 그리운

향수에 흠뻑 젖어들 수 있는 한가로움이 좋았다. 한가로움은 하늘이 아끼는 자에게만 내려주시는 선물이라고 하지 않던가.

나는 사원을 순례하는 중에도 툭하면 시골 분위기의 마을들을 찾았다. 어슬렁거리는 소의 꽁무니를 좇아 어슬렁거리며 시골길을 걷다 보면, 시멘트 담벼락이나 흙집 벽에 다닥다닥 붙어 있는 소똥들이 정겨웠다. 호떡처럼 손바닥으로 꾹꾹 눌러 붙여 놓은 소똥들. 아직도 가난한 시골 사람들은 그렇게 붙여 놓은 소똥이 마르면 그 소똥으로 불을 피워 밥을 짓고 차를 끓여 마셨다.

한 마을에 오래 머물며 사귄 릭샤왈라의 시골집에 초대를 받아 갔을 때, 그 집의 아낙은 쇠똥으로 불을 피워 홍차를 끓여주었다. 흙벽돌로 지어진 그 집의 방바닥과 부뚜막은 쇠똥과 진흙을 이긴 것으로 싸발라져 있었는데, 쇠똥이 더러움을 정화한다고 믿는 것 같았다. 실제로 쇠똥 칠은 벌레가 생기지 않게 하고 습기를 막아주는 효과가 있다고 했다.

소는 이처럼 인도인들의 생활에 없어서는 안 될 요긴한 존재일 뿐만 아니라 그들의 소 숭배 역시 현재진행형인 것 같았다. 쇠똥을 붙여 놓은 담벼락 옆으로 코카콜라 광고가 붙어 있는 세상이지만 소를 신으로 여기는 신화적 삶의 방식은 여전히 살아 있는 것 같았다.

신화에 의하면, 고대 인도인들은 소가 브라흐마 신과 같은 날에 태어났으며, 소의 각 부위에는 여러 신들이 살고 있다고 믿었다. 소의 똥에는 락슈미 여신이 살고 있고, 가슴에는 스칸다 신이, 이마에

산타니케탄의 한 농가

어슬렁거리는 소의 꽁무니를 좇아 시골길을 걷다 보면,
시멘트 담벼락이나 흙집 벽에 다닥다닥 붙어 있는 소똥들이 정겨웠다.
시골 사람들은 그렇게 붙여 놓은 소똥이 마르면
그 소똥으로 불을 피워 밥을 짓고 차를 끓여 마셨다.

* 비슈누푸르 가는 길의 우시장 풍경

는 시바 신이, 혀에는 사라스와티 신이, 그리고 우유 속에는 강가 여신이 살고 있다는 것이다.

    인도인들의 소 숭배는 시바 신과도 밀접한 연관이 있었다. 신들이 악마를 상대로 싸울 때 탈것으로 이용하는 동물들이 있는데, 시바 신은 거대한 몸집의 흰 소 난디를 타고 싸운다. 흔히 시바 사원에서 난디 동상은 사원의 중앙으로 들어가는 입구와 마주보게 서 있어 시바의 충직한 수호자인 난디가 주인 시바를 잘 볼 수 있도록 되어 있다. 시바, 파르바티, 가네샤 그리고 스칸다 등이 모두 함께 있는 가족 신을 묘사한 그림을 보면, 항상 난디가 함께 있다. 흰 소 난디는 시바와 파르바티가 결혼할 때 시바의 장인인 다크샤(브라흐마의 별칭)에게서 결혼선물로 받은 것이라고 한다. 지금도 인도에서는 신화에 나오는 난디를 닮은 거대한 몸집의 흰 소가 죽으면 거창한 장례를 치러준다고 한다. 이 같은 믿음은 곧 소를 신으로 숭배하도록 만들었고, 민간에서는 지금도 소가 조상의 환생이라고 널리 믿고 있다고 한다.

소를 신성시하는 보다 실제적인 이유는 그것이 부富를 가져다주기 때문이 아닌가 하는 생각도 들었다. 하루는 비슈누 신을 숭배하는 사원을 보기 위해 비슈누푸르라는 도시를 찾아가다가 우연히 큰 우시장牛市場을 둘러보게 되었다. 어린 시절에 고향의 오일장 옆에서 보던 우시장과는 비교가 안 될 만큼 그 규모가 컸다.

길에 인접한 넓은 공터에서 열리는 우시장은 천 마리는 될 듯싶은 소 떼와 사람들로 북적였다. 불볕은 따갑고 습도는 높아 우시장을 둘러보는 동안 오이를 사서 씹어먹으며 무더위와 갈증을 달랬다. 소들을 팔고 사는 모습을 오랜 시간 구경하면서 인도 사람들에게 소는 여전히 부富를 나타내는 척도임을 느낄 수 있었다. 한낮이 조금 지나자 수십 마리의 소 떼를 끌고 우시장을 떠나는 사람도 보였다. 코뚜레도 없고 고삐도 매지 않은 소들이지만, 소를 산 주인들은 소 떼를 일렬로 세워 가없는 대평원의 누런 흙먼지 날리는 길 위로 잘도 휘몰아 갔다.

나는 황혼 무렵까지 우시장 옆의 큰 나무 그늘에 앉아 소 떼를 팔고 사는 모습을 지켜보았다. 평생 잊지 못할 장관이었다. 그 많은 소

※ 시바(왼쪽)와 파르바티(오른쪽)의 결혼식 재현

떼와 소를 끌고 온 사람들이 우시장을 서서히 빠져나가는 것을 지켜보고 있노라니 오래 전에 읽은, 소와 관련된 인도 민담 하나가 문득 생각났다. 이 민담은 우파니샤드 시대로 거슬러 올라간다. 오래된 민담이긴 하지만 인도인들의 소 숭배와는 무관한 이야기이다.

가르쳐질 수 없는 것을 배우다

어느 뛰어난 학자 집안에 슈베타케투라는 한 소년이 있었다. 소년의 아버지는 어린 아들 슈베타케투를 가르치기 위해 깨달음을 얻은 한 스승의 집으로 보냈다. 소년은 스승의 아쉬람에서 수년 동안 배울 수 있는 모든 것을 배웠다. 그는 모든 베다를 기억하였고, 당시에 접할 수 있는 모든 과학과 학문을 통달했다.

어느 날 스승이 슈베타케투를 불러 '이제 배울 수 있는 모든 것을 배웠으니, 너는 집으로 돌아가도 좋다'고 말했다. 그는 스승에게 작별 인사를 하고 집으로 발걸음을 향했다. 그가 막 마을 어귀로 들어섰을 때, 아버지는 창문으로 아들이 돌아오는 모습을 지켜보고 있었다. 키가 훌쩍 큰 아들은 자만심에 찬 모습으로 돌아오고 있었다. 아들의 모습을 보며 아버지는 슬퍼졌다. 그것은 진정으로 앎을 얻은 사람의 모습이 아니었기 때문이다.

그가 돌아온 뒤 며칠이 지난 어느 날, 아버지가 아들에게 물었다.

"너는 그동안 많은 학문을 배운 모양이로구나. 내가 너에게 하나만 물어보마. 너는 그것 하나를 앎으로 해서 더 이상 배움이 필요 없고, 그것 하나를 앎으로 해서 모든 고통이 사라지는 그것을 배웠느냐? 다시 말하면, 가르쳐 질 수 없는 그것을 배웠느냐?"

아버지의 느닷없는 질문에 슈베타케투는 당황했다. 그는 스승의 아쉬람에서 많은 지식을 배웠지만 아버지의 질문에 아무런 대꾸도 할 수 없었다. 아버지가 다시 말했다.

"그렇다면 다시 네 스승에게로 돌아가거라. 돌아가서 가르쳐질 수 없는 그것을 가르쳐 달라고 해라."

아버지의 명령을 차마 거역하지 못하고 그는 스승의 아쉬람으로 돌아갔다. 그가 스승에게 다시 돌아오게 된 연유를 설명하자, 스승이 말했다.

"네가 가르쳐질 수 없는 그것을 배우고 싶다면, 너는 내 아쉬람에 있는 사백 마리의 소 떼를 끌고 인적이 없는 깊은 숲 속으로 들어가거라. 거기서 어떤 말도 하지 말고 소 떼와 함께 살아라. 그렇게 소 떼와 함께 살다가 사백 마리가 번식하여 천 마리가 되거든 그때 돌아오너라."

슈베타케투는 스승의 말을 그대로 따랐다. 그는 인적이 없는 숲 속으로 들어가 소 떼와 함께 살았다. 처음 얼마 동안은 수많은 생각들이 그의 마음속을 떠돌아다녔다. 하지만 숲에는 그런 생각들을 토로할 대상이 없었다. 새와 동물들, 나무와 바위와 강과 하늘에 흘러가는 구름만 있을 뿐 그와 이야기를 나눌 대상이 전혀 없었다. 자기속에 습득된 많은 지식이 있었지만, 그것을 동물들 앞에 내보인다는 것은 어리석고 쓸데없는 짓이었다. 마침내 그는 깨달았다.

'내가 계속 지적인 아집을 지니고 있다면 이 동물들이 얼마나 나를 비웃을 것인가? 스승님의 말씀처럼 진정한 침묵에 잠겨 보자!'

이런 결심을 한 후 그는 나무 아래 무심히 앉아 있는 시간이 많아졌고, 더러는 냇가에서 시냇물 흐르는 소리를 들으며 낮잠을 즐겼다. 시간이 흐르면서 그의 마음은 점차 침묵 속으로 들어갔다. 그렇게 여러 해가 흘렀고, 이제는 자신이 언제 돌아가야 할 것인지도 까맣게 잊을 정도로 마음이 편안해지고 고요해졌다. 많은 지식을 자랑스레 여기던 과거는 떨어져나갔고, 과거가 떨어져나감에 따라 미래 또한 떨어져나갔다. 그는 단지 지금 여기에 존재할 뿐이었다.

소들이 천 마리가 되었을 때 소들은 스스로 불편함을 느꼈다. 그러나 슈베타케투는 모든 것을 잊고 있었다. 이를 눈치 챈 소들이 그에게 이 사실을 알려주기로 했다.

"우리 소들은 이제 천 마리가 되었소. 당신의 스승께서는 우리가 천 마리가 되면 돌아오라고 당신에게 말씀을 했는데, 당신은 이 사실을 까맣게 잊고 있는 것 같아 우리가 일러주는 것이오."

소들의 말을 듣고 난 슈베타케투가 껄껄대고 웃었다.

"하하하…… 그래, 돌아가자꾸나."

그는 비로소 천 마리의 소 떼를 거느리고 스승의 아쉬람으로 향했다. 아름다운 저녁놀이 가없는 평원을 물들이던 어느 날, 스승은 슈베타케투가 천 마리의 소 떼와 함께 돌아오는 것을 보고 제자들에게 말했다.

"보아라! 저기 천 마리의 소 떼가 오고 있다. 저기 슈베타케투는 없구나."

스승은 한 마리 짐승이 되어 돌아온 슈베타케투를 반갑게 맞이하면서 환희의 춤을 추었다. 그는 슈베테케투를 두 팔로 부둥켜안으면서 말했다.

"이제 너는 가르쳐질 수 없는 그것을 알았는데, 왜 나에게 돌아왔느냐?"

슈베타케투가 공손히 절을 올린 뒤 대답했다.

"단지 스승님께 경의를 표하기 위해서입니다."

브라흐만과 아트만은 하나

얼마나 아름답고 의미심장한 이야기인가. 인도로 가기 전 나는 이 이야기를 읽고 깊은 감동을 받았다. 인도를 여행하면서 소들을 볼 때마다 이 이야기가 떠올랐고, 이야기 속의 주인공처럼 소를 치며 사는 목동의 꿈을 꾸던 어린 시절이 새록새록 피어올랐다. 하지만 돌이킬 수 없는 꿈, 비현실적인 꿈에서 깨어나는 데는 오랜 시간이 걸리지 않았다. 대신 밖으로부터 얻은 지식으로 자만에 가득 찬 상태를 벗어나 '한 마리 소'로 화한 슈베타케투처럼 꽃의 언어를 알아듣고, 새의 언어를 경청하고, 구름과 태양과 강물과 바위의 침묵을 이해하는 그런 존재가 되고 싶다는 생각이 간절해지곤 했다.

※ 델리박물관 뜰에 있는 브라흐마 상

　　이런 바람은 결국 우화 속 슈베타케투 아버지의 가르침처럼 그것 '하나'를 아는 일일 것이다. 하나를 앎으로 해서 더 이상 앎이 필요 없고, 하나를 앎으로 해서 고통이 사라지는 그것 말이다. 그 '하나'란 대체 무얼 뜻하는 것일까.

그대 안에 아트만으로 존재하는 자를 알라.
이보다 저 절실히 알아야 할 존재는 없다.
겪는 자, 겪는 대상, 그리고 이들을 조정하는 자
이 셋을 알면 모든 것을 말한 셈이요
그 모든 것은 바로 브라흐만이로다.

슈베타슈바라타 우파니샤드

 그렇다. 우리가 꼭 알아야 할 그 '하나'는 우리 자신이 불멸의 신성 '아트만'임을 아는 것이다. 더 나아가 우리 자신이 우주적 신성 '브라흐만'과 하나라는 것을 깨닫는 것이다. 다시 말하면 소우주인 인간의 본질이 '아트만'이라면, 대우주의 본질은 '브라흐만'인데, 모래 한 알 속에 우주가 있다는 어느 시인의 말처럼 한 개체인간 속에 살아 있는 아트만은 곧 우주적 신성 브라흐만이기도 한 것이다. 해와 달이 따로 존재하지만 그 빛이 하나에서 나오는 것처럼 브라흐만과 아트만의 뿌리는 하나인 것이다. 이것을 한자성어로 '범아일여梵我一如'라 부른다. '범'은 브라흐만을, '아'는 '아트만'을 일컫는다. 요컨대, 이 범아일여는 우파니샤드가 말하고자 하는 사상의 고갱이라고 할 수 있다.

 슈베타케투처럼 세속적인 측면에서 많은 지식을 쌓은 사람은 대개 쪼개고 나누기를 좋아한다. 어떤 신비가가 '둘로 나누기를 좋아하는 사람은 신을 볼 수 없다'고 말했듯이, 그런 지식으로는 사실 꽃 한 송이도 뽐내는 존재의 신성을 보지 못하는 법이다. 물론 그런 사람도 세속적 앎의 즐거움과 에고를 포기할 수 있다면 신성한 지식 즉 참자아의 본질을 알 수 있을 것이다. 즉 인간은 나지도 죽지도 않는 불멸의 신성에서 비롯되었다는 것, 그리고 우주 만물의 본질인 브라흐만이 곧 인간의 본질인 아트만과 다르지 않다는 것. 그렇다면 이러한 앎의 가능성은 누구에게나 열려 있는 것일까. 슈베타케투가 인적이 없는 숲 속에서 자기 자신과의 고독한 대면을 통해 스스로 터득했듯이, 대자연 속에 스며 있는 우주적 신성 브라흐만을 자기 존재의 심연에서 찾아내는 그런 놀라운 영적인 성취의 가능성이 과연 모든 사람에게 열려 있는 것일까.

물속에 녹아 있는 소금처럼

《찬도기야 우파니샤드》에도 위의 우화와 비슷한 이야기가 실려 있다. 그 이야기에 나오는 주인공의 이름도 슈베타케투인데, 아버지의 이름은 성자 아루나이다. 어린 아들이 스승을 찾아가 세속적 지식을 쌓는 공부를 다 마치고 돌아오자, 아루나 성자는 그 많은 공부를 통해서도 알지 못한 불멸의 신성 아트만과 브라흐만에 대해 아들에게 경험적 비유를 들어 친절하게 가르친다.

어느 날, 아버지는 아들에게 소금을 가져다가 물이 담긴 통에 담그라고 한다. 그리고 다음날 아침에 보자고 말한다. 아들은 아버지의 말씀대로 소금을 가져다가 물에 집어넣는다. 아침이 되자 아버지는 아들에게 소금을 담 갔던 물에서 소금을 꺼내라고 말한다. 물론 아들은 물속에서 소금을 찾아내지 못한다. 아버지가 말한다.

"총명한 아들아, 너는 지금 물속에서 소금을 볼 수 없다. 그러나 소금은 그대로 그 안에 있다. 물맛을 보려무나."

아들이 몇 차례 물맛을 보고 나서 말한다.

"아버지, 물이 짭니다."

아버지가 비로소 아들에게 가르침을 베푼다.

"네가 물속에서 소금을 볼 수는 없지만 그 존재는 여기 녹아 있다. 눈에 보이지 않는 그 미세한 존재, 그것을 세상 사람들은 아트만으로 삼고 있다. 그 존재가 곧 진리이다. 그 존재가 곧 아트만이다. 그것이 바로 너이다. 슈베타케투야."

이 비유는 아주 쉽고 명쾌하다. 물속에 녹아 있는 소금의 존재는 볼 수 없지만, 맛을 통해서 그 미세한 존재를 확인하듯이, 그렇게 보이지 않는 아트만이 곧 '너'라고 아버지는 선언한다. 아직 배움의 도상에 있는 불완전한 아들, 인간의 몸에서 태어나 머잖아 죽을 운명의 아들에게, 네가 곧 불멸의 신성 아트만이라고! 이 대목을 두고 어느 인도 학자는 우파니샤드에서 가장 혁명적인 부분이라고 했다.

그러나 이런 인식은 우파니샤드에만 있는 것은 아니다. 신약성경에도 보면, 예수는 자기 존재의 궁극적 근거를 '아버지'라 호칭하고, 그 '아버지와 나는 하나'라고 선언한다. 그리고 그는 자기의 제자들도 자기와 같은 깨달음에 이를 수 있기를 그 아버지에게 청한다. 이름과 형태는 다를지라도 이런 인식을 오랜 종교 문헌들에서 공통적으로 발견할 수 있어서 나는 참으로 반가웠다.

중세 기독교의 한 신비가는 인간과 우주 만물 속에 내밀히 살아 있는 불멸의 신성을 아는 이런 통합적 지식을 '여명의 지식'이라고 부르고, 덧없는 피조세계만을 아는 부분적 지식을 '황혼의 지식'이라 일컬었다(마이스터 엑카르트). 이런 점에서 '범아일여'로 요약되는 우파니샤드의 가르침은 동트는 여명의 지식으로의 초대인 셈이다.

강이라는 이름을 버리고 바다와 하나가 되라

강들이 흘러흘러 바다에 도달하면
'강'이라는 이름을 버리고 바다와 하나가 되듯
진리를 알게 된 사람은
'이름'과 '형태'의 구속에서 풀려나
신성한 푸루사에 도달하게 되리라.

문다카 우파니샤드

우리는 각각 강이라는 지류이지만, 지류인 강들은 흘러흘러 끝내 바다에 합류한다. 아니, 지류(아트만)인 우리가 바다(브라흐만)와 둘이 아니라는 것을 안다면, 지류로 흘러가면서도 이미 바다의 광활한 자유를 누리는 것이다. 만일 우리에게 이런 인식이 결핍되어 있다면 우리는 계속 자기가 속한 강줄기에만 집착하게 될 것이다. 이미 바다에 들어왔으면서도 자기는 어느 강줄기에 속한다고 말하는 이는 얼마나 어리석은가. 이름 붙일 수 없는 큰 물건이 되라 하는데도 지난날의 작은 이름으로 불려지기를 바라는 것은 얼마나 가련한가(곽노순).

그렇다. 내가 이미 바다와 하나라는 자각이 뚜렷하다면, 우리에게 덧붙여지는 이름들이란 하찮은 것이다. 우리는 '이름 붙일 수 없는 큰 물건'이기 때문이다. 아트만, 브라흐만은 이름 붙일 수 없는 큰 물건에 편의상 붙여진 이름일 뿐이다. 알라니 야훼니 하는 이름들도 마찬가지이다. 종교들이 부르는 신의 이름들이 각기 다르지만, 또 그 이름과 그 형태에 집착하여 티격태격 다투기도 하지만 바다에 당도하면 그런 강들이 지니는 이름은 소멸되고 만다. 제도로서의 종교는 영원한 것이 아니고, 그 종교가 부르는 신의 이름도 형상도 영원한 것이 아니다. 그것은 지상의 한 형식일 뿐이다. 우리가 지구별에 머무는 동안에만 필요한 형식일 뿐이라는 말이다.

물론 그 형식이 소중하지 않다는 것은 아니다. 이 지구별에 발붙이고 살 동안 나는 어쩌면 그리스도교인이라는 명찰을 달고 살 것이다. 하지만 그 명찰이 날 부자유하게 옭아매는 족쇄가 된다면 나는 어느 때든 그 명찰을 기꺼이 떼어 버릴 것이다. 적어도 내가 믿는 신은 유한한 인간이 만든 어떤 형식의 울타리에도 갇히지 않는 분이기 때문이다.

오늘도 내 안에 뜀뛰는 심장처럼 살아계신 그분, 광활한 바다이

신 그분은 거친 물결로 나를 뒤덮으신다. 이때 내가 할 일이란, 그 바다 물결이 내 안에서 출렁이게 하는 일 말고 또 무엇이 있겠는가.

　대평원 위로 뉘엿뉘엿 해가 지고 있었다. 소 떼와 사람들로 붐비던 우시장도 파장이었다. 잠시 후 저녁 어스름이 우시장을 그물처럼 내리덮었다. 소 떼가 사라진 우시장을 걷다 보니, 복작대던 한낮의 시간이 꿈결처럼 느껴졌다. 공터로 변한 우시장에는 소똥들만 너저분하게 널려 있었다. 마을의 아낙네들이 몰려와 커다란 비닐봉투에 조금 꾸덕꾸덕해진 소똥 덩어리들을 맨손으로 주워담고 있었다.
　천 마리의 소 떼를 끌고 한 마리 소로 화해 돌아온 내 기억 속의 슈베타케투, 그리고 땔감을 얻기 위해 구린내 나는 소똥을 줍는 아낙네들이 하나로 겹쳐지지 않았다. 하나는 관념이고, 다른 하나는 현실이기 때문일까.
　나는 다음 행선지로 이동하려던 계획을 접고 이 마을에서 하룻밤을 유숙하려고 어둠이 드리우기 시작하는 마을 쪽으로 천천히 발걸음을 옮겼다. 어느 새 하늘에는 순한 소의 눈망울 같은 별들이 총총 돋아나고 있었다.

5

나는 춤추는 평화의 시바

세상은 덧없는 환영(MAYA)인가

신이 그 환영력^{Maya}을 통하여
육신의 모습을 만드노라.
그 신은 수천의 방향들이며, 수없이 많으며
무궁하여, 이 브라흐만은 이전에 없었으며,
이후에도 없으며, 그 안이 없고, 밖도 없도다.
이 아트만이 모든 것의 존재인 브라흐만이다.

브리하다란야카 우파니샤드

신에게 미친 음유시인들

인도의 작은 도시인 볼푸르는 저자거리처럼 붐볐다. 이 도시의 대표적인 축제인 '포시멜라'가 열리고 있기 때문이었다. 포시멜라는 겨울 축제란 뜻이다. 포시멜라는 시성詩聖 라빈드라나드 타고르가 살아 있을 때 크리스마스 절기에 맞추어 시작한 축제라고 한다. 때마침 농한기라 주변 농촌에서 몰려드는 주민들, 다른 지역에서 축제에 참여하기 위해 온 이들, 축제의 꽃인 바울이라 불리는 음유시인들, 자전거와 사이클릭샤, 택시와 버스, 소와 개와 염소 같은 동물들까지 뒤엉켜, 볼푸르 역에서 축제장인 샨티니케탄으로 오는 거리는 평소와 달리 무척 붐볐다.

나는 벌써 세 차례나 샨티니케탄을 방문했지만, 소문으로만 듣던 이 축제에 참석하기는 처음이었다. 축제가 열리기 전부터 가슴이 콩콩 뛰었다. 설레는 가슴으로 대학 옆의 넓은 공터에서 열리는 축제장으로 서둘러 들어섰다.

축제장 가운데는 거대한 부엉이 상이 우뚝 솟아 손님들을 맞이하고 있었다. 섬세하게 조각되고 인도 특유의 화려한 채색을 입은 부엉이 상은 축제를 상징하는 동물인 듯싶었다. 어두운 밤에도 잠들지 않고 깨어 있는 부엉이. 그 상징의 의미는 굳이 묻지 않아도 알 것 같았다.

부엉이 상 주변에는 숱한 상인들이 여러 가지 물건들을 펼쳐놓고 팔고 있었다. 지역의 뛰어난 장인들이 직접 나무나 흙으로 빚어 만든 시성 라빈드라나드 타고르의 초상들, 인도 신화 속에 나오는 신들의 모습을 그려놓은 세밀화들, 각종 수공예품, 화려한 의상과 식료품들, 숱한 먹을거리들이 축제에 참석한 사람들의 시각과 후각을 강렬하게 자극하고 있었다. 파도처럼 밀려드는 인파에 밀려 축제장 한복판으로 들어서자, 음유시인인 바울들의 노래가 확성기를 타고 흥겹게 울려 퍼지고 있었다.

바람처럼 떠돈다 하여 바울^{Baul}이라 불리는 음유시인들!
신의 사랑에 미쳐 이 마을 저 마을을 떠돌며 노래하고 춤추는 광인들!

주로 인도의 서벵골지역에서 활동하고 있는 음유시인인 바울은 '바람'을 뜻하는 산스크리트어 '바유^{vayu}'에서 유래된 것으로 여겨진다. 지금도 벵골지역에는 5만 명이나 되는 바울들이 있다고 한다.

바람처럼 떠돈다 하여 바울이라 불리는 음유시인들!
신의 사랑에 미쳐 이 마을 저 마을을 떠돌며 노래하고 춤추는 광인들!

무대에서 공연하는 바울들

마치 바람이 어느 한 곳에 멈춰 있지 않고 대지 위를 끊임없이 부유하듯이 바울은 마을에서 마을로 방랑하는데, 신과의 신비적인 결합에서 비롯된 존재의 황홀을 춤추고 그 기쁨과 사랑을 노래한다.

축제의 꽃인 바울들은 대형 천막 속에 임시로 설치한 넓은 무대 위에서 악기를 타며 노래를 부르고 있었다. 무대 앞의 넓은 천막에는 바울의 노래에 심취한 청중이 빽빽이 자리를 메우고 있었다. 흙바닥에 깔린 거적때기에 불편하게 앉아서도 바울의 노래와 춤에 몰입하는 청중의 모습 또한 퍽 인상적이었다.

무대 위엔 스무 명이 넘는 바울이 앉아서 엑타르나 둑기, 타블라와 아논도 로호리 등 인도의 민속 악기를 연주하고 있었고, 한 사람씩 차례로 일어나 노래를 부르고 빙글빙글 돌며 춤을 추었다. 그들의 신명어린 노래에서는 뜨거운 열정이 느껴졌고, 엑타르를 한 손에 들고 빙글빙글 돌며 춤을 추는 그들의 몸짓과 눈빛에서는 야릇한 광기마저 전해져왔다. 이 지상의 것이 아닌 듯한!

바울 가운데는 낯익은 얼굴들도 눈에 띄었다. 캘커타의 하우라 역에서 기차를 타고 이곳으로 올 때 내가 타고 있던 칸에 나타나 엑타르를 뜯으며 노래하던 바울, 며칠 전 고파이 강 부근의 숲 속에서 열리는 세터데이 마켓에서 흙바닥에 주저앉아 신명나게 노래하던 바울들, 그리고 며칠 전 이곳에 사는 후배의 소개로 만난 비놋다스 바울의 모습도 보였다. 주황색 의상을 걸친 다른 바울들과는 달리 색색의 조각 천을 이어 붙여 만든 누비옷을 입고 긴 머리칼을 늘어뜨린 비놋다스 바울은 한눈에도 알아볼 수 있었다. 그는 노래하는 바울들 옆에 앉아서 흥에 겨운 몸짓으로 혼신을 다해 악기를 뜯고 있었다. 왼쪽 겨드랑이에 아논도 로호리라는 악기를 연인처럼 껴안고!

나는 노래가 끝나기를 기다렸다. 한 시간 이상 돌아가면서 노래를 부르고 춤을 추던 바울들이 우루루 무대에서 내려오고 뒤에서 기다리던 다른 바울들이 무대로 올라갔다. 나는 땀을 닦으며 밖으로 나온 비놋다스 바울에게 다가갔다. 비놋다스 바울이 나를 알아보고는 반가운 표정으로 활짝 웃었다. 나는 그에게 물었다.

"오늘 바울들이 부른 노랫말이 담고 있는 뜻이 무엇입니까?"

나는 그들이 벵골어로 부른 노래의 뜻이 몹시 궁금했던 것이다.

"한 마디로 말하면, 신에 대한 사랑이 우리 바울들이 부르는 노랫말의 요지입니다."

나는 좀 더 자세히 알고 싶었지만, 그는 몹시 목이 타는 듯 물을 마시고 싶다며 동료 바울들이 모여 있는 천막을 향해 걸어갔다. 그의 뒷모습을 보니, 알록달록한 누비옷을 입은 등이 소금땀으로 흠뻑 젖어 있었다.

노래하는 노래새

내가 바울들의 삶을 가까이서 엿본 것은 지난여름 비놋다스 바울을 만나고부터였다. 비놋다스 바울은 샨티니케탄에서 4킬로미터 정도 떨어진 파롤당가라는 작은 마을에 살고 있었다. 인도의 시골집들이 그렇듯이 그가 사는 곳도 나지막한 흙집이었다. 집안 살림살이를 흘깃 엿보니 매우 검소하고 소박해 보였다. 그는 자기 집을 수행처라는 뜻의 '아쉬람'이라고 불렀다.

비놋다스 바울은 순박해 보이는 아내와 단 둘이 살고 있었다. 바울 가운데는 영적 수행을 중시해 결혼을 하지 않고 혼자 사는 바울도 있지만, 비놋다스 바울처럼 가정을 이루고 사는 재가 바울도 있었다.

비놋다스 바울에게는 자식이 없었다. 바울에게 자식이 있으면 그것은 부끄러운 일이라고, 매일 요가를 하는 바울들은 섹스를 할 때도 방사를 조절하여 아기를 낳지 않는다고 그는 매우 자랑스럽게 말했다. 바람처럼 이리저리 떠돌며 영적 수행을 하는 바울이기에 나는 비놋다스 바울의 말을 이해할 수 있었다. 요가로 단련되어 그렇겠지만, 그의 몸은 탄탄하고 건강미가 흘러넘쳤다.

나는 그의 아내가 내준 홍차를 마신 뒤, 초면이지만 체면 불구하고 노래를 청했다. 그 순간, 창밖에 갑자기 훼방꾼이 나타났다. 뜰에 선 나무 위로 큰 새 한 마리가 날아와 아주 요란스럽게 우짖었다. 그렇게 큰 소리로 울어대는 새는 또 처음이었다. 인도에 와서 본 새들 가운데 가장 덩치가 크고 소리도 큰, 파피아라는 이름의 새였다.

비놋다스 바울은 노래를 시작하려다 말고 창밖에서 우짖는 파피아의 울음소리를 입을 크게 벌려 흉내내더니 활짝 웃으며 말했다.

"저 새가 바로 우리 노래하는 바울들의 원조라오. 순수한 바울들은 저 새처럼 맑은 하늘, 공기, 숲, 바람을 사랑한다오."

노래하는 노래새, 바울들의 원조가 바로 새들이라고! 그가 새들을 바울들의 원조라고 한 것은 속세의 그 무엇에도 얽매이지 않는 자유와 신에 대한 열망을 은유적으로 드러낸 것이리라. 그 말을 듣는 순간 가슴이 뭉클해졌다.

"비놋다스 바울, 당신은 다시 태어나도 바울이 될 겁니까?"

나는 마음에서 일어나는 의문을 털어놓았다.

"물론이오. 사자의 아들은 사자, 바울의 아들은 바울이지요."

나는 호기심에서 그렇게 물었는데, 그는 마치 사자가 포효하듯 매우 비장한 표정으로 대꾸했다. 그러고는 아논도 로호리를 왼쪽 겨드랑이에 연인처럼 다정히 끌어안더니, 눈을 지그시 감고 노래를 부르기 시작했다. 아논도 로호리라는 악기는 한 줄짜리 악기로 손에 쥔 피크로 뜯으며 연주한다.

비놋다스 바울이 노래를 부르는 동안 내 인도 친구가 간간이 벵골어로 된 노랫말을 통역해 주었다. 그가 부르는 노래는 사랑의 신 크리슈나를 찬양하는 내용이었다. 크리슈나는 세상을 유지하는 비슈누의 여덟 번째 화신인데, 사랑의 신으로 알려져 있다. 사람들은 그가 사랑으로 모든 괴로움과 고통을 극복하고, 인간을 숱한 속박에서 벗어나게 한다고 믿는다. 더욱이 크리슈나의 사랑은 종교나 계급, 인간 사이의 모든 차별을 넘어서게 해준다고 믿기 때문에, 바울은 물론 많은 인도 사람들이 다른 어떤 신보다도 크리슈나를 좋아한다고 한다. 크리슈나 신을 향해 부르는 그의 열정적인 노래는 때론

* 델리민속박물관 벽에 그려진 크리슈나와 라다

가슴을 후벼파듯 애절하고 때론 감미로웠다. 노래가 끝나기를 기다려 물었다.

"당신은 다음 생에 다시 태어나도 바울이 되겠다고 했는데, 그렇게 힘든 바울의 삶을 고집하는 까닭은 무엇입니까?"

그가 빙그레 웃으며 대꾸했다.

"모든 바울들이 그렇지만, 신을 사랑하고 신을 찬양하는 일 말고는 세상에서 의미 있는 일이 없기 때문입니다. 신을 제외하고는 세상의 모든 것이 다 무상하지 않습니까."

나는 그의 말을 듣고 같은 벵골 지역에서 살았던 19세기의 성자 라마크리슈나가 한 말이 떠올랐다. "신만이 영원한 실재이며 다른 모든 것은 환영^{maya}이다. 그러므로 우리는 이것을 분별할 줄 알아야 한다." 신을 제외한 모든 것을 헛것으로 여기는 이런 환영론幻影論은 이미 우파니샤드에 나타나 있다.

마야의 세상에서

〈이샤 우파니샤드〉는 세상을 '변하는 것들'이라 묘사하는데, 사실 산스크리트어로 '세상jagat'이란 말 자체가 '변화하는 곳'이라는 뜻이다. 우리가 사는 세상은 영속하는 것이 없으며 모든 것이 끊임없이 변화한다는 것이다. 우리가 흔히 말하는 생로병사生老病死는 모든 인생이 겪는 변화를 잘 함축한 표현이다. 그러면 왜 세상의 모든 것들은 변화하는가. 그 까닭은 세상의 모든 것이 브라흐만의 환영력幻影力, maya으로 만들어졌기 때문이라고 한다.

> 신이 그 환영력을 통하여
> 육신의 모습을 만드노라.
> 브리하다란야카 우파니샤드

여기서 육신은 인간의 모습만을 가리키지 않는다. 형상과 이름을 지닌 세상의 모든 것을 가리킨다. 우리가 발 딛고 살아가는 세상에서 형상과 이름을 지닌 것들은 모두 영원하지 않다. 지상에 존재하는 것들의 삶은 안정되어 있지 않다. 우리가 발 딛고 있는 땅 자체가 흔들리는 터전이다. 땅 위에 생겨난 어떤 생명도 소멸을 피할 수 없다. 그렇다면 우리는 언젠가는 소멸될 이 허구의 세상에서 왜 그 허구인 삶을 끌어안고 몸부림치며 살아야 하는가. 내 사랑하는 아내와 자식, 내가 땀 흘려 일구어 놓은 재산과 명예, 그리고 해와 달과 별들, 천둥, 아름다운 저녁놀 같은 자연 현상들도 모두 신이 만들어 놓은 환영일 뿐인데 말이다.

우파니샤드는 우리가 보고 느끼고 누리고 향유하는 모든 경험적 사실들이 모두 '마야'의 장난이라고 말한다. 우리가 분별력을 잃고 마야의 장난에 휘둘리면, 불안정하고 흔들리는 터전인 이 세상을 영원하고 불멸인 것처럼 착각하는 무지에 빠지고 만다는 것이다. 라마크리슈나는 '누에고치'의 비유를 들어 마야의 세상에 집착하는 것이 얼마나 어리석은가를 일깨워준다. 소위 마야에 현혹된 세속적인 사람들은 누에와도 같은데, 누에는 자신이 원할 경우 고치를 뚫고 나올 수 있지만 스스로 지은 고치에 집착하게 되면 고치를 떠나지 못하고 그 안에 갇혀서 죽고 만다. 대부분의 세속적인 혼들이 바로 이 누에와 같다는 것이다. 고치를 뚫고 나와 나방으로 변하는 누에처럼 영적으로 깨어 있는 소수의 사람만이 마야의 주문에 걸려들지 않고 자유를 얻는다.

우리가 마야의 주문에 걸려들지 않고 진정한 자유를 누리려면 세상이 환영임을 깨닫는 동시에 그 환영의 세상 또한 브라흐만의 일부임을 깨달아야 한다. 더 나아가 우리 눈에 보이는 세상의 모든 것들이 브라흐만을 궁극적 근거로 하고 있음도 알아야 한다.

영원하지 못한 사물들 가운데
유일하게 영원하며
의식 있는 것들 가운데 의식의 근원이 되며
여럿 중에 하나이고
홀로 여럿의 욕망을 채워주는 자가 있도다.
현명한 자는
그 아트만을 깨닫고 영원한 평화를 누리리라.

카타 우파니샤드

여기서 '여럿'이란 이 환영의 세상에서 이름과 형상으로 존재하는 것들을 가리킨다. 우리는 이 '여럿'으로 표현된 환영에 휘둘려 '하나'인 궁극적 실재를 망각하고 살아선 안 된다. 그것은 환영에 기만당하는 것이기 때문이다. 그런 한편, 세상은 헛된 것이지만 그 세상을 거부해서도 안 된다. 우파니샤드는 세상을 등지고 떠난 은수자처럼 둔세적이 되라고 말하지 않는다. 오히려 현세를 살아가는 사람들에게 '자신의 의무를 다하며 백 년 살아갈 소망을 가지라'고 말한다. 이 땅 위에서 저마다의 의무를 다하며 충실한 삶을 살라는 것이다. 비록 세상은 영원한 실재인 브라흐만에 비해 가변적이고 불안정하지만 우리는 이 세상을 통해서만 영원하고 진정한 자유의 원천인 브라흐만의 자리에 이를 수 있기 때문이다. 어느 구루의 가르침처럼 "이 세상은 깨달음으로 가는 여행자의 베이스캠프와도 같은 곳"이다. 우리가 현재 고통의 사슬에 매여 있다면 그 사슬을 끊을 곳도 이 세상이고, 우리가 죄와 부자유에 속박되어 있다면 그 속박을 끊을 곳도 이 세상이다. 우리의 행위로 인한 어떤 업보가 있다면, 더욱이 그것이 악업이라면, 우리가 그 업보를 씻어낼 곳도 이 세상인 것이다.

땅에 날개가 닿지 않는 새처럼

신만이 참 실재이고 세상은 무상한 곳이란 인식은 우파니샤드에만 있는 것은 아니다. 이슬람의 수피들도 영원한 실재인 신을 아는 것이 모든 지혜의 으뜸임을 설파했고, 예수도 '내가 추구하는 하느님의 나라는 이 세상의 나라가 아니다'고 잘라 말했다. 아프가니스탄 출신의 신비시인인 젤라루딘 루미도 "신에 대한 망각이 이 세상을 지탱한다. 영적 각성이 이 세상을 허물어뜨린다. 각성은 저 세상에 속한 것이기에 그것이 터를 잡으면 물질계는 허물어진다."고 갈파했다.

그러면 왜 위대한 종교적 문헌들은 세상을 환영으로 보는 것일까. 한 철학자는 그것을 하나의 '전략'으로 본다. 세상은 분명히 우리에게 경험되기 때문에 환영이 아니다. 그럼에도 이 세상을 환영으로 간주하는 까닭은 이 세상보다 더 가치 있는 것으로 유도하기 위해서라는 것이다. 즉 우파니샤드는 세상이 환영이라고 말함으로써 덧없는 세상에 대한 집착을 끊게 만들어 더 가치 있는 것에로 몰입하도록 한다는 것이다.

더 가치 있는 것이라니? 그것은 말할 것도 없이 우리 생의 궁극적 실재인 브라흐만(혹은 아트만)에 대한 열렬한 탐구욕을 가리킨다. 다른 세속적 욕망들은 우리 삶에 부정적 결과를 가져오지만 궁극적 실재에 대한 욕망은 긍정적 결과를 가져오기 때문이라는 것이다.[박효엽]
그 긍정적 결과는 곧 환영의 세상에 얽매이지 않고 참 자유에 이르는 것이다.

세상은 덧없는 것이기에 오롯이 신을 찬양하고 신을 사랑하는 일에 미친 바울들. 그들은 세상에 속해 있으나 세상에 속하지 않은 것처럼 살아간다. 어떤 시인의 표현처럼 바울의 삶에서는 '땅 위를 날면서도 땅에 날개가 닿지 않는 새'와도 같은 존재의 가벼움이 느껴진다. 안정된 보금자리나 인간의 기본적 욕망도 버린 채 세상을 떠도는 그들이지만, 덧없는 세상에 대한 집착이 없기에 그렇게 존재의 황홀을 노래하고 춤출 수 있는 것이리라.
지난해 겨울 볼푸르로 오는 기차간에서 처음으로 바울들과 마주쳤을때 사실 나는 그들에 대해 좀 부정적으로 생각했다. 세상을 등진 허무주의자들이 아닐까, 하고. 히피처럼 긴 머리와 수염, 남루한 옷차림, 노래하고 난 뒤 보답으로 받은 몇 푼의 돈으로 생계를 이어가는 듯한 모습은 걸인이나 광인 이상으로 여겨지지 않았다. 그러나 비놋다스 바울을 만난 뒤 내 판단이 너무 성급했음을 뉘우쳤다. 성자 라다크리슈나의 말처럼 '황금'과 '여자'에 미친 이 속된 세상에 신의 사랑에 미쳐 일생 동안 신을 찬양하는 일에만 마음을 쏟으며

※ 샨티니케탄의 숲 속 시장에서 노래하는 바울

사는 사람들이 있다니! 물론 더러는 세상 명리를 탐하는 바울도 없지 않은 듯하지만, 순수한 바울은 자기들이 숭배하는 신과의 합일을 위해 세속적 욕망을 모두 버린 것처럼 보였다. 그들이 버리지 못하는 건 다만 노래와 악기뿐이었다.

바울들은 대체로 정상적인 교육을 받은 이가 드물고 스승의 아쉬람에서 노래를 배우고 요가를 습득한 이들이다. 그들이 배운 요가는 '박티 요가'이다. '박티'란 말은 조건 없는 사랑을 의미하며, 자기의 마음과 행위를 모두 신에게로 돌리는 것이다. 간단히 말해서, 박티 요가는 신을 향한 사랑과 헌신의 길이라고 일컬어진다. 따라서 배움이 적은 바울들에게는 경전을 읽고 명상을 통해 해탈에 이르는 '즈나나 요가(지식의 요가)'보다는 '박티 요가'의 길이 자연스러워 보인다. 바울들은 머리(지식)를 통해서 신과의 합일에 이를 수 있다고 여기지 않는다. 그들은 오로지 뜨거운 '가슴'으로 신과의 합일에 이르고자 하는, 가슴의 사람들이다.

> 참자아(아트만)는 가슴 속에 있다.
> 가슴^{hrdayam}이라는 말은
> '여기에 참자아가 있다$^{hrdi\ ayam}$'는 말이니,
> 그러한 연고로 '가슴'이라 불리는 것이다.
> 이것을 아는 사람은
> 매일 그 참자아의 세계로 간다.
> 찬도기야 우파니샤드

'가슴'이란 말 속에 이런 심오한 뜻이 숨어 있다니!

이처럼 바울들은 가슴으로 노래하고, 가슴으로 춤추며, 가슴으로 신의 사랑을 찬미하는 사람들이다. 크리슈나 신도 뛰어난 수행자 나라다에게 "나는 하늘에 살지 않고, 요가 수행자의 마음속에도 살지 않고, 내게 헌신하는 자들의 노래 속에 산다"고 말했다. 나는 크리슈나의 이 말을 듣고 자연스럽게 음악으로 신에게 헌신하는 바울들을 떠올렸다. 바울들이 연주에 주로 사용하는 단 한 줄짜리 현악기 엑타르는 신을 향한 그들의 오롯한 사랑과 헌신을 상징하는 것처럼 보였고, 그들이 두드리는 작은 북 타블라는 신과 하나된 기쁨과 황홀을 표현하는 터질 듯 붉은 심장처럼 여겨졌다. 신에 대한 사랑, 신과의 합일의 기쁨과 황홀은 언어로서는 표현할 길이 없다. 아마도 그들은 그처럼 표현할 수 없는 것을 표현하기 위한 열망으로 노래하고 춤을 추는 것이리라.

고대 인도에서 춤과 음악은 주로 사원에서 관장되었는데, 바울들은 사원에 갇힌 춤과 음악을 사람들의 평범한 삶의 자리로 끌어낸 것처럼 보였다. 바울들의 음악과 춤은 그것 자체로 종교적이었지만 그들은 그것을 제도 종교의 틀에 가두지 않고 저자거리에서 대중과 함께 나누었다. 인도 철학자 라다크리슈난이 말하길 소박한 인도인들은 항상 불멸의 아름다움과 음악에 대한 꿈에 젖어 있다고 했는데, 곧 음악과 춤을 사랑하는 바울들의 삶을 말하는 것이 아닐까 하는 생각도 들었다.

나뭇잎 접시에 황홀한 음악을 담아

그날 비놋다스 바울은 나와 함께 간 일행 세 사람을 앞에 두고도 혼신을 다해 땀을 흘리며 노래했다. 노래를 마친 그는 갑자기 두 팔을 벌리며 일어서더니 환희에 찬 표정으로 덩실덩실 춤을 추며 소리쳤다.

"나는 춤추는 평화의 시바!"

오, 시바! 그는 바로 춤추는 시바였다. 인도의 대표적인 신 시바는 '춤추는 자들의 왕(나타라자)'이라고도 불린다. 우리가 흔하게 볼 수 있는 시바상은 한쪽 다리를 쳐들고 다른 쪽 다리로는 악마의 머리를 밟고 있다. 네 개의 손 중 하나는 보호의 몸짓을 하고, 다른 손으로는 들어 올린 발을 가리키며, 또 다른 손에는 창조물의 심장 고동을 재기 위한 북을 들고, 마지막 한 손에는 분리의 횃불을 들고 있다. 춤추는 자들의 왕 나타라자의 춤은 정신적 재생과 신과의 합일에서 오는 황홀을 상징한다고 한다.

비놋다스 바울은 노래를 통해 그러한 황홀을 표현한 것일까. 그의 얼굴과 눈빛에서는 이 지상의 것이 아닌 듯한 희열이 느껴졌고, 신과 합일에 이른 자만이 표현할 수 있는 황홀감이 전해져 왔다. 나는 자연스럽게 얼마 전 우파니샤드에서 읽은 한 구절이 떠올랐다.

이 세상에서 참자아(아트만)와
참 욕망을 알고 세상을 뜨는 사람들은,

※ 춤추는 시바상

그들이 원하는 것을 마음껏 얻으리라.
그러한 자들이 이 세상을 떠나서
음악의 세계에 가기를 원하면,
그러한 뜻만으로 음악이 그들에게 나타나
음악의 세계에 있는 것을 모두 얻으리니,
그들은 그들이 원하는 음악의 세계의
모든 것을 얻는 자 되리라.

찬도기야 우파니샤드

노래가 끝난 뒤 비놋다스 바울의 안내를 따라 나무 그늘이 있는 앞마당으로 나갔다. 시원한 나무 그늘에는 그의 아내 파롤이 준비한 저녁식사가 짚자리 위에 차려져 있었다. 소박하게 차려진 음식을 가운데 두고 빙 둘러앉자 한가롭게 소풍이라도 나온 듯한 기분이었다.

넓은 이파리 두 장을 붙여 만든 둥근 나뭇잎 접시에 담긴 밥, 찐 콩, 야채 커리……. 그 나뭇잎 접시에는 신을 향한 그들의 사랑과 황홀한 음악, 소박한 삶도 담겨 있었다. 그렇게 대자연의 식탁 앞에 둥근 고리를 이루어 모여 앉은 우리는 더 이상 낯선 타인이 아니라 한 땅별의 가족이었다. 이미 비놋다스 바울의 황홀한 노래로 배가 불렀기에 손으로 밥을 비벼먹으며 무한한 포만감에 젖어들었다. 가진 것이라곤 가난과 남루뿐이었지만, 그는 음악으로 '모든 것을 얻은 자'의 행복을 전해주었다.

날이 저물고 있었다. 보랏빛 어스름이 깔리기 시작하는 대지 위로 맑은 별들이 초롱초롱 떠올라 반짝이기 시작했다. 나는 숙소로 돌아와 같은 땅별 위에 사는 멋진 음유시인 바울을 위해 시 한 편을 써서 바쳤다.

　　무슨 빗자루로 쓸고 닦았을까,
　　바울의 집 마당과 뜨락은 명경明鏡 같다
　　한밤중이면 별들이 총, 총, 총, 꽃피어 날 것만 같다
　　밟으면 으깨질까 흙 마당을
　　조심조심 디디며 들어서자
　　그는 가슴에 엑타르를 안고 나와 반색을 한다
　　애무하듯 엑타르를 켜며 들려주는
　　바람 같은 선율, 심금이 저릿저릿 울리고
　　사뭇 서럽기만 한데
　　물씬 흙냄새가 풍긴다, 별꽃냄새도 풍긴다
　　불가촉천민처럼 하심下心을 갈무리한
　　비릿비릿한 냄새도 몇 껴 있는 것 같다
　　굳이 악보라면 따갑게 내리 퍼붓는
　　땡볕 악보뿐이지만 마당을 가로질러
　　가없는 평원 위로 나직이 퍼져나가는
　　바람 같은 선율, 그 흐느낌이 파랗다
　　파충류가 껍질을 벗듯 또 한 꺼풀 벗은
　　그 영혼이 새파랗다

내 영혼 또한 홀러덩 한 꺼풀 벗어

새파랗게 되었으니

남은 생은 그 지극한 떨림의 후렴이겠다!

졸시, 〈음유시인의 뜰에서〉

6

꿈을 깨고 신의 사원에 들라

죽음으로부터 불멸로

소리도 없고 지각할 수도 없으며

형태도 없고 소멸하지도 않는 것

맛도 없고 냄새도 없으며 영원한 것

처음도 없고 끝도 없는 것

그리고 위대한 것보다도 더 위대하며

영원불변한 것

그것(아트만)을 알게 되면

그 순간 그는

죽음의 어귀에서 풀려나게 되리라.

카타 우파니샤드

어머니 갠지스 강가에서

　산 자들이 죽은 자를 굽어보고 있다. 죽은 자는 누워서 산 자들이 덮어준 꽃송이에 싸여 있다. 꽃송이는 햇빛을 받아 황금빛으로 타오른다. 생의 빛을 여읜 주검이 황금빛 꽃외투에 싸여 있는 셈이다. 황금빛 꽃은 인간 속에 깃들어 있는 신성을 상징한다던가. 하지만 황금빛 꽃외투도 불멸의 시선으로 이글거리는 태양빛에 곧 시들어버리고 말 것이다.
　인도의 고도 바라나시에 있는 갠지스 강가의 풍경이다. 며칠 전 이곳에 도착한 나는 삶과 죽음의 가파른 경계를 보여주는 듯한 갠지스의 풍경에 매혹되어 아직 떠나지 못하고 있다. 산 자들이 주검의 풍경을 굽어보고 있는 동안에도 강은 무심히 흐른다. 인도인들이 어머니 신이라고 부르는 갠지스는 오늘도 숱한 자식들의 주검을 그렇게 받아 안는다. 황금빛 꽃외투가 벗겨지고 강물에 씻긴 주검이 장작불에 태워지고 나면 어머니 갠지스는 다시 한 번 그것을 제 품에 받을 것이다. 화장터 위 계단에 앉은 채로 생성과 소멸을 거듭하는 갠지스 강, 그리고 주검들을 거두어 불에 태우는 낯선 풍경을 오래 지켜보았다.

그 낯선 풍경을 지켜보는 것은 나뿐만은 아니었다. 멀리서 또는 가까이서 온 순례자들, 화장에 쓰일 장작과 꽃을 파는 장사치들, 시신이 소멸되기를 기다리는 유가족들, 화장터 주위를 어슬렁거리며 불에 덜 탄 인육을 맛보았을 듯싶은 개떼도 있었다. 생명은 생명을 먹지 않고는 살 수 없다고 했던가. 생명이 생명을 먹을 수밖에 없는 이 불가피한 현상을 가리켜 창조주의 비애라고 했던가. 명命을 다한 생生의 잔해 곁에서 밥을 빌어먹는 사람들, 또 그 잔해를 뜯어먹으려고 기다리는 개 떼를 지켜보고 있는 내 자신이 잔혹스럽게 느껴졌다.

나는 화장터를 뒤로 하고 터벅터벅 강가로 내려갔다. 강가에는 갠지스 성수에 몸을 씻고 자기 존재를 정화하려는 순례자들이 옷을 벗어부친 채 강물로 뛰어들고 있었다. 아낙네들은 치렁치렁한 옷을 입은 채로 뛰어들어 강물을 몸에 끼얹는다.

강물에는 시든 꽃들과 재와 화장터에서 흘려보낸 주검의 잔해가 뒤범벅되어 떠다니고 있었다. 더러운 물을 몸에 끼얹으면서도 그 물을 더럽다고 여기는 이들은 없는 것 같았다. 그렇게 몸과 마음을 씻으면 윤회의 고통에서 벗어날 수 있다는 믿음이 오수汚水를 성수聖水로 보이게 하는 것일까.

인도인들은 실제로 이 갠지스를 신성시하여 '강가'라 부르기도 강물에는 꽃들과 재와 화장터에서 흘려보낸 주검의 잔해가 뒤범벅되어 떠다니고 있었다.
더러운 물을 몸에 끼얹으면서도 더럽다고 여기는 이들은 없는 것 같았다.
그렇게 몸과 마음을 씻으면 윤회의 고통에서 벗어날 수 있다는 믿음이
오수를 성수로 보이게 하는 것일까.

갠지스 강의 아침 풍경

* 볼푸르 거리에서 본 장례 행렬

한다. '강가'는 강의 여신의 이름이다. 그러니까 갠지스 강은 강가 여신의 몸인 셈이다. 힌두교인들은 이 강물로 육체의 더러움을 씻어 내고 입을 헹궈내면서 성스러운 가야트리 만트라를 외우는 것을 최고의 행복으로 여긴다고 한다. 이 강물을 통해 몸과 마음을 청정하게 함으로써 신앙을 더욱 깊게 하는 것일까. 죽음을 앞둔 나이가 지긋한 힌두교인들 가운데는 생의 마지막 목적지로 갠지스 강을 찾아와 일생을 마감하는 이들도 적지 않다고 한다.

잠시 후, 한 무리의 아이들이 소리를 지르며 달려오더니 냅다 강물로 뛰어들었다. 벗어부칠 옷도 입지 않은 천둥벌거숭이 같은 아이들. 얇은 천 조각 하나로 겨우 아랫도리만 가린 아이들. 바로 몇 계단 위에서는 주검을 씻어 태우고 죽은 자를 떠나보내는 산 자들의 눈물과 슬픔이 낭자한데, 아이들은 아랑곳하지 않았다.

천둥벌거숭이의 거칠 것 없는 마음에 죽음의 비애나 소멸의 슬픔 따위가 끼어들 틈이 없을 것이다. 무심한 강물 속으로 자맥질하고 또 자맥질하는 아이들은 강물처럼이나 무심해 보였다. 그런 무심함이야 아이들의 본성이니 탓할 바가 아니겠지. 어른들이 심각하게 여기는 삶과 죽음조차 이들에게는 모래성을 쌓았다 허물고 또 쌓았다 허물어버리는 놀이 같은 것일 테니까.

나는 더러운 강물 속에서 텀벙텀벙 물놀이를 즐기는 아이들을 보며 〈카타 우파니샤드〉에 나오는 십대 소년 나치케타가 떠올랐다. 나치케타는 이 천둥벌거숭이 아이들과는 달리 무척 조숙했던 소년이었다. 나치케타 이야기가 문득 떠오른 것은 물놀이하는 아이들이 주검을 곁에 두고 죽음을 희롱하는 듯 보였기 때문이다.

죽음의 왕 야마의 가르침

나치케타의 아버지 와즈슈라는 신심이 돈독한 사제였다.

그는 하늘에 복을 구하기 위해 자신의 재산을 모두 내놓았다. 고대 인도인들은 신에게 제물을 바치면 복을 받을 수 있다고 여겼던 것이다. 와즈슈라가 제사를 올리기 위해 소를 몰아가는데, 어린 아들 나치케타가 보니 아버지가 제물로 바치려는 소들은 모두 늙고 병든 것뿐이었다. 어릴 적부터 경전을 공부하고 순수한 믿음을 간직한 총명한 소년 나치케타는 아버지의 행동을 가자미눈을 뜨고 바라보았다.

'풀도 잘 뜯어먹지 못하고, 더 이상 짜낼 우유도 없고, 새끼도 낳을 수 없는 저렇게 늙은 소들을 바치려 하다니! 아버지는 저런 정성으로 어찌 신께 복을 구하신단 말인가?'

그는 당돌하게 아버지에게 대들었다.

"아버지, 저도 아버지의 소유물이 아니던가요? 그렇다면 저 역시 제물로 바치시지요?"

나치케타가 이런 질문을 던진 것은 신에게 모든 것을 바치는 제사라면, 아버지에게 속한 '아들'인 자신도 바쳐져야 마땅할 것이라고 여겼기 때문이다. 당돌한 아들에게 정곡을 찔린 와즈슈라는 가슴이

뜨끔했다. 그러나 그는 아들을 무시하듯 아무 대꾸도 하지 않았다.
"어떠세요? 저도 사원에 바치시겠어요?"
부글거리는 속을 꾹 참고 있던 와즈슈라는 마침내 폭발하고 말았다.
"그래, 너를 죽음의 신에게 바쳐버리겠다."
사실 와즈슈라는 화가 나서 무심코 내뱉은 말이었다. 하지만 제법 생각이 깊은 나치케타는 이참에 먼저 가서 죽음의 신 야마를 만나야겠다고 작정했다. 정말 당돌하고 대담한 소년이 아닐 수 없다.
'먼저 죽은 사람들은 어디에 가 있는지, 또 나중에 올 사람들은 어떻게 되는지 죽음의 신에게 가서 알아봐야지.'
그는 아버지에게 작별을 고하고 죽음의 왕 야마가 사는 곳으로 찾아갔다. 죽음의 왕 야마는 집에 없었다. 꼬박 사흘이 지난 뒤에야 야마를 만날 수 있었다.
"오, 귀한 손님을 오래 기다리게 해서 미안하네. 나의 집 대문 앞에서 사흘 밤을 지내도록 한 무례를 범했으니 그 보상으로 그대의 소원을 들어주겠네. 세 가지 소원을 말해 보게."
죽음의 왕은 사제 계급에 속한 나치케타를 홀대하지 않았다. 아버지가 사제면 그 아들도 사제 대접을 받는 것이 그 시대의 관례였다. 나치케타는 자신의 궁금증을 풀 수 있는 절호의 기회를 얻은 셈이었다. 하지만 그는 가장 절박한 의문은 잠시 접어두고 먼저 두 가지 소원을 죽음의 왕에게 아뢰었다.
"죽음의 신이시여, 나중에 제가 아버지에게 돌아갔을 때 아버지가 제게 화를 풀고 기뻐할 수 있도록 해 주십시오."

야마는 나치케타의 효성 어린 말을 듣고 기뻐했다.

"그런 일이라면 걱정 말게. 다시 돌아가면 그대의 아버지가 그대를 환대해 줄 것이네."

나치케타는 두 번째 소원을 아뢰었다.

"죽음의 신이시여, 저는 천상의 일이 궁금합니다. 그곳에서는 어느 누구도 늙는 것에 대해 두려움이 없고, 배고픔과 목마름도 없고, 모든 이들이 슬픔을 이기고 행복하다고 들었습니다. 당신께서는 그 천상으로 가는 길이라는 아그니에 대해 알고 있다고 들었는데, 바로 그 아그니에 대해 말씀해 주십시오."

소년은 어릴 적부터 제사를 모시는 것을 많이 보아왔다. 어른들은 제사를 모실 때마다 네모난 제단을 만들고 그 안에 장작불을 피워 불의 신 아그니를 모셨다. 그리고 그 불에 곡식이나 버터 같은 제물을 바쳤다. 그런데 과연 그렇게 하면 정말 아그니 신이 사람들을 천상으로 안내해 주는지, 그것이 궁금했던 것이다.

"그대가 아는 대로, 천상에 도달하게 해주는 것은 불의 신 아그니라네. 아그니야말로 불멸을 얻을 수 있는 길이지."

제사를 지낼 때 불이 신 아그니가 맡은 역할은 불 속에 던져진 공물을 신들에게 운반하는 것이었다. 즉 아그니는 가장 신성한 제관(祭官)으로서 신과 인간의 중개자인 셈이었다.

"그러나 그대가 알아야 할 것은, 불의 신 아그니는 자기에게 바쳐지는 제물의 많고 적음을 보는 것이 아니라 제물을 바치는 이의 정성을 본다네. 작은 낱알 하나라도 정성을 다해 바치면 아그니 신은 그 사람을 천상에 갈 수 있도록 인도해준다네."

나치케타는 두 가지 의문이 시원스레 풀리자 이제 자신이 야마를 찾아온 목적에 대해 털어놓았다.

"죽음의 신이시여, 세상을 떠난 사람들에 대해 궁금합니다. 어떤 이들은 사후세계가 있다고 하고, 어떤 이들은 사후세계 같은 것은 아예 없다고 합니다. 당신의 지혜를 얻어 이 문제에 대한 의문을 풀고 싶습니다. 제 마지막 소원입니다."

그의 마지막 소원을 들은 야마는, 죽음 이후의 세계가 있느니 없느니 하는 문제는 신과 같은 존재도 알기 힘든 어려운 문제라며 난처한 표정을 지었다. 야마는 나치케타를 달랬다. 차라리 모든 세상 사람들이 탐하는 부귀영화나 장수를 구하면 들어주겠다고. 하지만 나치케타는 물러서지 않고 '죽음'의 문제를 물고 늘어졌다. 죽음에 대한 그의 호기심은 돈이나 쾌락, 육신의 수명을 늘리는 것 따위와 바꿀 수 있는 것이 아니었다. 그는 삶의 이면, 죽음도 꿰뚫어보고 싶어 했다. 그는 어렸지만 죽음이 자기와 무관한 것이 아님을 알고 있었다. 더 나아가 죽음이 자기 생의 한가운데 떡 버티고 있음도 알고 있었다. 그러나 나치케타는 죽음 너머에 무엇이 있는지는 알지 못했다. 그래서 그는 자신의 궁극적 물음을 풀기 위해 죽음의 신 앞에 마주선 것이다. 그는 야마의 숱한 회유에도 불구하고 물러서지 않았다.

왜 죽음을 두려워하는가

죽음의 신 야마는 도무지 물러설 기미가 보이지 않는 나치케타의 단호한 태도를 보고 어쩔 수 없다는 듯 죽음의 신비에 대해 풀어놓기 시작했다.

소리도 없고 지각할 수도 없으며
형태도 없고 소멸하지도 않는 것,
맛도 없고 냄새도 없으며 영원한 것,
처음도 없고 끝도 없는 것,
그리고 위대한 것보다도 더 위대하며
영원불변한 것,
그것(아트만)을 알게 되면
그 순간 그는
죽음의 어귀에서 풀려나게 되리라.
카타 우파니샤드

이것이 죽음의 신 야마의 대답이다. 어린 소년 나치케타가 이 말이 무엇을 뜻하는지 알아들었을까. 야마는 나치케타의 혜안을 열어주기 위해 친절한 설명을 계속해 나간다. 길게 이어지는 야마의 설명의 요지는, 죽을 수밖에 없는 우리 속에 '영원불변하는 것'이 있다는 것이다. 그것은 인간의 유한한 감각으로는 붙잡을 수 없다고. 그

❋ 나무에 걸어놓은 소의 해골

것은 시작도 없고, 끝도 없고, 초월적이며 안정된 존재라고. 그것에 굳이 이름을 붙이자면 '아트만(참자아)'이라고. 이 아트만을 알게 되면 '죽음의 어귀'에서 풀려날 수 있다고!

　모름지기 죽음은 인간이 가장 두려워하는 것이다. 그래서 인간은 누구나 죽음을 피하고 싶어 한다. 인도의 고전인 《마하바라타》에 나오는 유디슈트라는 세상 사람들이 자기 주변의 모든 사람들이 죽어가는 것을 보면서도 자신은 죽을 거라고 생각하지 않는 것이야말로 인생에서 일어나는 일들 가운데 가장 이상한 일이라고 말했다. 이러한 무지에 사로잡혀 있는 한 인간은 죽음의 사슬에서 풀려날 수 없다. 그래서 죽음의 왕 야마는 나치케타에게 그러한 무지에서 벗어나는 방법을 일러준다. 그것은 곧 불멸의 실재인 아트만을 아는 것이다.

요컨대 내가 불멸의 아트만임을 알면, 그러한 '앎'이 우리를 무지에서 벗어나게 하고 우리를 영원한 자유와 평온으로 이끌어준다는 것이다. 우파니샤드의 유명한 문구 '네가 그것이다$^{Tat\ tvam\ asi}$'는 '네가 곧 아트만'임을 알라는 것이다. 이러한 앎은 신비롭고 신령한 지식이다. 불완전하고 허물투성이인 내가 완전하고 흠이 없는 불멸의 아트만이라는 것! 다만 여기서 중요한 것은 그러한 인식이 나에게 있느냐는 것이다. 내가 그것을 또렷이 인식하고 있으면, 인생의 가장 큰 두려움인 죽음을 극복할 수 있다는 것이다.

《브리하다란야카 우파니샤드》에 보면 두려움의 문제와 관련한 흥미로운 이야기가 나온다.

최초에 인간의 모습을 한 아트만이 있었다. 그가 주위를 둘러보니 자기 아닌 다른 존재는 없었다. 그래서 그는 "내가 있다(아함 아스미)"라고 말했는데, '나(아함)'라는 말은 이렇게 해서 생겼다. 그런데 아트만은 왠지 두려웠다고 한다. 그 순간 그가 생각하였다. "나 이외에 아무도 없는데 도대체 나는 무엇을 두려워하는가." 이렇게 생각하고 나니까 두려움이 사라졌다. 이 이야기 끝에 이런 의미심장한 말이 나온다. "두려움이 있을 이유가 무엇인가. 두려움이란 다른 존재에 대해 생기는 것이다."

그렇다. 실제로 우리가 느끼는 두려움의 감정은 '나' 이외에 타자가 존재한다고 생각하기 때문에 생기는 것이다. 그러니까 두려움은 항상 그 무엇에 대한 두려움이다. 하지만 '나' 홀로 유일무이하게 아트만으로 존재하고 있다면 어디에서 두려움의 감정이 생겨나겠는가. 내 안에 있는 아트만이 홀로 영원불멸하다는 것을 자각하면, 어떤 두려움도 생겨나지 않을 것이다. 죽음의 두려움도 마찬가지이다. 즉 나지도 죽지도 않는 불멸의 존재 아트만이 곧 '나'의 본래 모습이라는 깨달음에 이른다면, 우리에게 죽음이란 없는 것이다. '죽음 없음'의 자각, 그것은 우리 자신이 '불멸'의 존재라는 자각과 동시에 일어난다.

우리는 보통 육신의 소멸을 죽음이라고 생각한다. 육신의 소멸이란 흙과 물과 불과 공기와 같은 것들로 이루어진 육신이 그 모습을 바꾸어 다시 본래의 것들로 돌아가는것이다. 이러한 현상의 변화는 아무도 피할 수 없다. 그러나 그러한 변화가 우리 속에 진정한 주인으로 살던 '아트만'을 어쩌지는 못한다. 육신이 지상에서 소멸된다 해도 아트만은 사라지지 않는다. 아트만은 영원불변의 실재이기 때문이다. 우리 육신이 소멸되는 그날 우리의 주인으로 있던 소우주의 실재인 아트만은 대우주의 실재인 브라흐만으로 귀일할 뿐인 것이다. 영원히 지속하는 불멸의 영혼인 아트만이 곧 '나'의 본래 모습이라는 자각이 있다면 나는 불멸 그 자체인 것이다.

불멸의 대양으로 인도하는 돛

인도의 시성 라빈드라나드 타고르 역시 〈영혼〉이란 시에서 죽음에 대해 이렇게 말한다.

어느 날엔가 우리는 배우게 되리라.
영혼으로 얻은 그 무엇도
죽음이 훔치지 못한다는 사실을!

타고르가 말하는 '영혼으로 얻은 그 무엇'이란 불멸의 영혼인 '아트만'을 가리키는 것으로 보인다. 죽음의 본성은 "시간 속의 모든 것들을 먹어치우는 것"인데, 시간 속에 존재하는 것들을 장악하고 있는 죽음의 왕이라 할지라도 불멸의 영혼인 아트만은 건드릴 수 없다. 기독교적인 어투를 빌면, 죽음도 '하느님'과 '나(아트만)'를 갈라놓지 못한다는 것이다. 물론 죽음은 살과 피와 뼈로 된 육신을 소멸시킨다. 하지만 그것이 내 존재의 근원이신 신과 나 사이의 균열을 가져오지는 못한다는 것이다.
만일 우리 속에 이런 깨달음이 있다면, 삶도 사랑하지만 죽음도 사랑할 수 있지 않을까. 타고르는 이런 또렷한 자각을 가지고 있었기에 다음과 같은 아름다운 시를 남길 수 있었으리라.

내가 처음 이 생명의 문지방을 건넜을 때의 순간을 나는 알지 못했지요.
한밤중 숲 속의 꽃봉오리와도 같이 나를 이 광대한 신비의 품속에 피어나게 한 것은 무슨 힘이었을까요.
아침에 내가 빛을 우러렀을 때 그 순간 나는 이 세상의 낯선 사람이 아

※ 갠지스 강가에서 꽃등을 파는 소녀들

님을 느꼈던 것입니다. 이름도 형태도 없는 불가해한 것이 나의 어머니 모습이 되어 나를 그 두 팔로 안았던 것이지요.

꼭 그처럼, 죽음에 있어서도 똑같은 미지의 것이 내게 나타날 것입니다. 그리고 나는 이 생명을 사랑하는 까닭에, 죽음 또한 사랑하게 될 것을 알고 있습니다.

어머니가 그 오른편 젖에서 아기를 떼어낼 때 아기는 웁니다만, 바로 그 다음 왼편 젖에서 그 위안을 찾아내게 마련이지요.

〈기탄잘리〉에서

참으로 아름다운 이 시는 죽음의 두려움에 사로잡혀 있는 이들에게 크나큰 위안을 안겨줄 것이다. 이 시에서 '이름도 형태도 없는 불가해한 것'은 아트만을 가리키는 것으로 보이는데, 그것이 타고르에게는 어머니의 형상으로 나타난다. 타고르는 그 불가해한 신성을 모성母性으로 경험한 모양이다.

타고르는 어머니 신이 인간의 삶과 죽음 모두를 끌어안는 분이기에, 자기가 어머니의 태에서 떨어져 처음 경험한 세상이 낯설지 않았듯이 죽음의 세상 또한 낯설지 않을 거라고 확신하고 있다. 그리고 삶뿐만 아니라 죽음 또한 사랑할 수 있다고. 시인은 그런 확신을 아기에게 젖을 물리는 어머니에 비유하여 아름답게 노래하고 있다.

"어머니가 그 오른편 젖에서 아기를 떼어낼 때 아기는 웁니다만, 바로 그 다음 왼편 젖에서 그 위안을 찾아내게 마련이지요."

어머니가 그 오른편 젖을 물고 있던 아기를 떼어내는 행위를 '죽음'으로 읽는다면, 그 죽음은 어머니의 왼편 젖 즉 불멸의 생명의 문지방에 닿게 하기 위한 가교로 이해할 수 있을 것이다.

타고르처럼 이런 깨달음의 노래를 부를 수 있는 이는 죽음의 신도 건드리지 못할 것이다. 그런 사람은 이미 이 땅 위에서 '불멸의 생명'을 누리고 있기 때문이다. 그는 육신이 탐닉하는 세속의 즐거움을 멀리하고 세상의 허망한 것들에 대한 욕심에도 더 이상 마음을 빼앗기지 않을 것이다. 야마의 말처럼 외적인 쾌락의 추구가 '죽음의 덫'이 될 것이라는 것을 너무도 잘 알기 때문이다.

죽음의 신 야마는 이야기의 후반부에서 총명한 소년 나치케타에게 '요가'에 대해 들려준다. 아마도 혈기왕성한 젊음을 누리고 있는 나치케타에게 이 땅 위에서 죽음을 극복하며 살 수 있는 항구적 방편을 일러주고 싶었던 모양이다.

> 요가로써
> 마음의 내달림을 통제하고
> 평온에 이르라.
> 카타 우파니샤드

야마가 말하는 요가는 늘 요동치는 마음을 조절하고 통제하여 참된 평온에 이르는 영적 기술이다. 날뛰는 말과 같은 마음을 조절하고 통제해야 하는 까닭은 우리 자신을 '불멸의 실재(아트만)'에 고정

❋ 강물에 떠가는 꽃등

시키기 위함이다. 흔들리기 쉬운 우리 마음의 닻을 불멸의 생명에 견고히 붙들어 맬 때 참된 평온에 이를 수 있고, '나' 혹은 '나의 것'이라는 실체도 없는 허깨비 같은 것들(마야)에 더 이상 기만당하지 않으며, 죽음의 두려움에서도 벗어날 수 있을 것이다. 그리고 죽음의 신 야마가 어느 날 불현듯 우리 앞에 나타날지라도 기꺼이 나가 맞이할 수 있을 것이다.

그때 죽음은 우리의 삶을 옥죄이는 '덫'이 아니라 불멸의 대양으로 인도하는 '돛'이 될 수 있을 것이다.

갠지스 강가에서 머물던 어느 날, 일행과 함께 저녁놀을 하염없이 바라보다가 작은 배를 탔다. 노잡이는 얼굴뿐 아니라 온몸이 빵껍질처럼 까맣게 그을은 청년이었다. 아름다운 노을이 물결치는 갠지스 강, 그 풍경의 일부가 되기 위해 많은 순례자들이 탄 배들이 강물 위에 떠서 스쳐갔다.

어둑어둑 어둠이 깔리기 시작하자 꽃불을 실은 작은 배 한 척이 다가왔다. 배에는 몇 명의 어린 소녀들이 손에 꽃불을 켜 들고 있었다. 꽃불은 종이로 만든 동그란 등잔에 담겨 있었다. 소녀들이 꽃등을 사라고 소리쳤다. 우리는 2루피씩을 주고 꽃등을 샀다. 사람들은 저마다 강가 여신에게 소원을 빌며 꽃등을 강물에 띄웠다.

뱃전에 앉아 있던 나도 꽃등을 물 위에 띄웠다. 그리고 간절히 소원을 빌었다. 저 물 위로 가물가물 떠가는 꽃등은 곧 꺼지겠지만, 내 안에 타오르는 꽃등, 그 불멸의 꽃등을 매순간 깨어서 기쁨으로 바라볼 수 있기를!

　그날 밤, 즐거운 뱃놀이를 마치고 밤늦게 게스트하우스로 돌아와 일기장을 펼쳐놓고 시 한 수를 적었다. 어쩌면 갠지스 강가 화장터에서 만난 죽음의 왕 야마가 내 귓가에 속삭여 준 것인지도 모른다.

　　살던 집이 불에 타 잿더미 위에 앉아서도
　　또 헛된 꿈을 꾸는 이가 있다.
　　잿더미 위에 다시 살 집은 지어야겠지만
　　삶이 덧없는 꿈인 줄은 알아야 하지 않겠는가.

　　매우 드물지만,
　　재의 오솔길을 몸을 낮추고 조용히 걸어 나와
　　재처럼 존재를 가볍게 하여
　　신의 사원寺院으로 화할 줄 아는 이가 있다.
　　허망한 꿈을 깬 경우이다.

　　끝내 삶이 꿈인 줄 모르면
　　죽을힘을 다해 던지는 그물에
　　거품만 낚아 올릴 것이요,
　　꿈을 깨고 신의 사원으로 화한 이는
　　하루하루를 영원으로 체험하리라.
　　　　　　졸시, 〈꿈을 깨고 신의 사원에 들라〉

7

내버림의 지혜를 가지라

❧ 금욕이 주는 황홀 ❧

이 세상에서 아트만과

진실한 욕망들을 찾은 후에 떠나는 자들은

모든 세상들에서

자유자재하게 된다.

찬도기야 우파니샤드

바람 따라 구름 따라

　인도에서 세상을 주유하는 수행자들을 만나는 건 길거리에서 어슬렁거리는 소 떼를 만나는 것만큼이나 흔한 일이다. 인파로 붐비는 거리나 기차역, 사원 주위를 걷다 보면 남루한 행색의 수행자들을 자주 마주치게 된다. 몸에 걸친 의상이나 장신구, 겉으로 드러나는 삶의 행태도 백인백색이다.
　황색 가사를 두르고 시바 신처럼 삼지창을 들고 느릿느릿 달팽이 걸음으로 어디론가 정처 없이 걸어가는 사두들, 아랫도리만 겨우 천으로 가리고 벌거벗은 몸에 밥그릇 하나 들고 맨발로 걸어 다니는 탁발승들, 긴 머리칼을 늘어뜨린 채 엑타르 같은 작은 현악기를 들고 열차간이나 행인들이 많이 오가는 거리의 나무 그늘에 앉아 노래하는, 바울이라 불리는 음유시인들도 있다. 그들은 외모, 몸짓, 말, 행동 등에서 세상을 초탈한 사람들처럼 보인다.

그들은 무엇을 구하기 위해 가족과 집, 재산과 명예를 헌신짝처럼 버리고 뜬구름처럼 떠도는 것일까.

나 역시 젊은 날 구도자 행색을 하고 살아 왔지만, 솔직히 말하면 신에 대한 나의 사랑은 반쪽이었다. 신을 사랑하노라 하면서도 그 쏠쏠한 세상 재미에 언제나 한쪽 발을 걸치고 살아왔다. 그런 나에게 인도에서 만난 빈털터리 수행자들의 모습은 충격과 도전으로 다가왔다.

나는 무엇을 제대로 버린 적이 있던가. 버리기는커녕 무얼 쌓으려고만 하지 않았던가. 물론 아직 지상에 내 소유의 집 한 칸 없지만, 그러나 나는 아직 버려야 할 것들이 얼마나 많은가. 더 채워봐야 비울 수 있고, 더 쌓아봐야 버릴 수 있을 건가.

고대 인도에는 야자발키야라는 유명한 성자가 있었다.

신을 사랑하는 정성이 지극하고 지혜가 뛰어났던지 그는 세속에 머물러 있으면서도 뭇 사람들의 존경을 받는 성자였다. 야자발키야에게는 부인이 둘이 있었다. 마이트레이라는 이름을 가진 부인은 신에 대한 헌신적 열정을 가진 여인이었고, 카트야야니라는 이름의 부인은 세상의 많은 여인들이 그렇듯 세속적인 것에 마음을 두고 사는 평범한 여인이었다. 어느 날 야자발키야가 자기의 두 아내를 불러놓고 말했다.

"나는 이제 그대들과 작별하고 만행을 떠나려 하오."

"갑자기 무슨 말씀이신가요?"

두 여인이 놀란 눈을 휘둥그레 뜨며 물었다.

"잘 알지 않소. 우리 힌두교인에게는 인생의 매 단계마다 지켜야 할 성스런 의무가 있지 않소."

야자발키야 말하는 인생의 단계란 성실한 힌두교인이라면 누구나 실천하고 살아야 할 성스런 의무로 여기며 그들이 생각하는 이상적인 삶이었다.

첫 단계는 학생기學生期(1~25세)로 금욕과 학습의 기간이다. 이 시기에는 경전(베다)을 공부하고 카스트의 구성원으로서 각자 해야 할 의무를 익히는 데 전념한다.

둘째 단계는 가주기家住期(26~50세)로 결혼을 하고 자식을 낳고 가족의 부양을 위해 전념하는 기간이다.

셋째 단계는 임서기林棲期(51~75세)로 앞의 두 단계를 통해 이룬 경제적 기반과 가업을 후손에게 물려주고 숲으로 들어가 명상에 임하는 시기이다.

마지막 단계는 유행기遊行期(76~100세)로 숲에서 나와 바람 따라 구름 따라 세상을 주유하는 시기이다. 이때는 탁발이 주요 생계수단이 되며, 세상의 모든 애착을 던져버리고, 지금까지 자기가 배우고 명상한 내용들을 현실 속에서 다시 몸으로 확인하는 단계이다. 이 인생의 네 단계는 인간이 점차 세속의 오염을 씻고 자신의 영적인 본향에 적합하게 되는 과정들을 나타낸다. 라다크리슈난

늙은 야자발키야는 지금 바람 따라 구름 따라 세상을 주유하는

세상을 초탈한 사람들처럼 보이는 그들은 무엇을 구하기 위해
가족과 집, 재산과 명예를 헌신짝처럼 버리고 뜬구름처럼 떠도는 것일까.

※ 시바교 사두

유행자遊行者의 삶을 위해 길을 떠나겠다는 것이었다.

"나는 이제 그대들에게 내 재산을 나누어주고 떠나려 하오."

카트야야니는 남편의 뜻을 따르기로 마음을 먹었는지 아무 말도 하지 않고 가만히 있었다. 하지만 마이트레이는 의문에 가득 찬 표정으로 물었다.

"만일 제가 당신이 나누어주는 많은 재물을 얻게 된다면, 그것으로 영생을 얻을 수 있을까요?"

야자발키야가 대답했다.

"그렇지는 않소. 그대의 삶은 많은 재산을 가진 다른 사람들과 똑같이 될 뿐이오. 재산을 가지고는 영생을 얻을 수 없소."

보통 세상 사람들이 추구하는 재물 같은 것으로는 영원한 생명을 누릴 수 없다는 것이다. 그렇다. 그것이 순간적인 기쁨이나 행복은 주지만, 그런 기쁨이나 행복은 결코 오래 지속되지 않는다. 그 행복은 지극히 일시적일 뿐이다.

남편 야자왈키야의 말을 듣고 난 마이트레이가 단호하게 말했다.

"그렇다면 저는 당신이 주는 재산을 받지 않겠어요. 제 몫을 카트야야니에게 주시지오. 재산으로 영생을 얻을 수 없다면, 제가 그걸 받아 뭘 하겠어요. 저는 차라리 당신처럼 산야신이 되겠어요."

'산야신'이란 영원한 자유를 얻기 위해 자기가 지닌 모든 것을 스스로 버린 사람을 일컫는다. 야자발키야는 자기처럼 산야신의 길을 떠나겠다는 마이트레이의 말을 듣고 매우 기쁜 표정을 지으며 말했다.

"그대는 내게 항상 사랑스러운 사람이더니 오늘도 내 마음을 기쁘게 하는 말을 하는구려."

금욕의 황홀을 즐겨라

우파니샤드에는 이 이야기가 두 번씩이나 기록되어 있다. 이 아름다운 부부의 이야기는 이상적인 힌두교인의 삶을 보여준 아름다운 표본으로 여겨지는 듯하다. 힌두교가 제시하는 성스런 삶을 긍정하는 사람에게는 이것이 삶의 한 표본이 될 수 있을 것이다. 하지만 과연 누가 이런 표본과 자기 삶을 동일시할 수 있을까. 보이지 않는 삶의 보물을 얻기 위해 누가 눈앞에 번쩍이는 보물을 포기할 수 있겠는가.

마이트레이처럼 영원한 자유에 대한 뜨거운 갈망을 지닌 자만이 세속적 욕망을 끊을 수 있을 것이다. 물론 세속적 욕망을 포기하는 '금욕'이 참된 자유를 얻는 직접적 수단은 아니다. 하지만 금욕을 통해 불순한 욕망을 정화한 사람은 무명의 어둠에서 벗어나 지혜의 광명에 이르는 길을 발견할 수 있다. 마음이 청결한 사람은 하느님을 볼 수 있다고 예수가 갈파한 것처럼, 금욕의 칼로 속된 욕망의 나무를 잘라낸 사람은 불멸의 영혼인 '아트만'을 볼 수 있을 것이다.

우파니샤드는 금욕을 실천하고, 금언禁言을 실천함으로써 진리(브라흐만)의 세계로 나아갈 수 있다고 말한다. 우리 안에 있는 속된 욕망을 제어할 수 없다면 진리를 깨닫는 명상 또한 할 수 없기 때문이다. 따라서 우리가 수행을 통해서 영적 진보를 이루고자 하는 열망이 있다면, 금욕은 필수적인 것이다. 하지만 사람들은 물질적 소유의 포기나 성적 욕망의 자제 같은 금욕을 싫어한다. 사람들은 포식으로 자기 몸을 괴롭힐 줄은 알면서도 자기 몸과 마음을 정화하고 편안하게 해주는 금식은 하려 하지 않는다. 사람들은 만족을 모르는 갈망으로 늘 괴로워하면서도 '금욕의 황홀'을 즐길 줄은 모른다.^{스와미 웨다}

우파니샤드에 보면, 젊은 수행자 여섯 명이 진리(브라흐만)에 대한 갈망을 품고 위대한 성자인 피팔라다를 찾아간다. 성자는 진리에 대한 뜨거운 갈망이 그들 속에 있음을 알아보고 먼저 젊은 그들에게 일 년 동안 금욕을 실천할 것을 요구한다. 신실한 제자들은 스승의 안내를 따라 고행과 성적 욕망의 통제와 스승에 대한 경외와 믿음을 갖추는 일정한 수행을 하고 난 뒤, 스승으로부터 진리의 보화에 대한 가르침을 듣는다.^{프라샤나 우파니샤드}

금욕적 삶을 자기 몸으로 익히는 준비가 갖춰진 제자에게 스승은 영원한 자유에 대한 지식을 전수하는 것이다. 예컨대 우리 몸에서 한 감각기능이 제 구실을 못하면 다른 감각기능이 활성화되듯 금욕을 통해 세속적 욕망을 부추기는 감각을 제어할 수 있을 때 불멸의 세계와 접속할 수 있는 의식의 통로가 열리기 때문이다.

기독교의 성자 아우구스티누스도 세속적 욕망의 대상에 대한 사랑의 집착을 끊고 신을 사랑하려면, 우리의 '사랑을 정결케 해야 한다'고 말한다. 즉 금욕을 통해 몸과 마음을 정화해야 한다는 것이다. 그 구체적 방법으로 아우구스티누스는 "하수관으로 흘러가는 물을 정원으로 끌어가시오"라고 제안한다. 세속적 욕망의 대상에 대한 사랑은 결국 하수관으로 버려지는 물과 같다. 그러나 신에 대한 사랑은 정원으로 끌어가는 물과도 같아서 정원의 생명들을 살리고, 아름다운 꽃을 피우고, 생명의 향기를 풍기게 한다는 것이다.

그러므로 우리는 하수관으로 버려지는 물과 같은 속된 욕망의 물꼬를 틀어막고 보다 진실한 욕망의 물꼬를 트고자 노력해야 한다. 이것은 우파니샤드의 권고와도 같다. 욕망의 문제에 대처하는 긍정적이고 적극적인 방식이 아닐 수 없다.

이 세상에서 아트만과
진실한 욕망들을 찾은 후에 떠나는 자들은
모든 세상들에서
자유자재하게 된다.
찬도기야 우파니샤드

그러면 우리가 물꼬를 터야 할 진실한 욕망이란 무엇인가. 그것은 곧 아트만에 대한 욕망이다. 다른 욕망은 부정적 결과(윤회의 고통)를 가져오지만, 아트만에 대한 욕망은 긍정적 결과를 낳기 때문이다. 우파니샤드에서 조물주 프라자파티는 말한다. "아트만은 참 욕망과 참 의지를 가졌으니, 그것이 그대들이 알아야 할 것, 그대들

✻ 사원 경내의 연못에서 몸을 정화하는 여인들

이 찾아 깨달아야 할 것이다."

 아트만이 가진 참 욕망이란 무엇일까. 아트만의 욕망은 단 하나, 불멸의 실재인 브라흐만과 하나가 되는 것뿐이다. 따라서 우리가 아트만을 알게 되면 어떤 속된 욕망도 일어나지 않는다. 아트만은 어떤 죄악도, 늙음도, 죽음도, 슬픔도, 배고픔도, 목마름도 없는 존재이기 때문이다. 따라서 아트만에게는 어떤 욕망도 생길 까닭이 없는 것이다. 우리 생명의 주인인 아트만은 결핍이라곤 없는 왕과도 같다. 결핍이 없는데 무슨 욕망이 일어나겠는가. 욕망은 결핍의 자식이 아니던가. 그러므로 우리가 나 자신을 '아트만'과 동일시할 수 있다면, 더 이상 속된 욕망의 노예로 살지 않아도 되는 것이다.

울면서 온 생을 웃으면서 떠나고 싶은가

우파니샤드의 현자는 세속의 유한한 것들에 집착하여 욕망의 노예로 사는 자들에게 이와 같이 말한다.

> 변하는 것들의 세상에
> 모든 것은 신(神)으로 덮여 있도다.
> 그러니 인간들이여,
> 내버림의 지혜를 가져
> 어느 누구의 재물도 탐내지 말지어다.
> 이샤 우파니샤드

그러나 이 현자의 가르침처럼 '내버림의 지혜'를 갖기가 어디 그렇게 쉽던가. 그것은 자기의 산 아이를 강물에 가져다 버리는 것만큼이나 어려운 일이다. 우리가 그런 지혜를 가지려면 우리 스스로 속된 욕망의 덧없음을 깨달아야 한다. 야자발키야나 마이트레이가 과거를 털어버리고 홀연히 산야신의 길을 떠날 수 있었던 것은 욕망과 소유의 덧없음을 깨달았기 때문이다. 장롱 깊숙이 간수해 온 황금이 사금파리 조각과 다름없다는 것, 애지중지 가꾸어온 저택이며 아름다운 정원, 숱한 땅문서가 먼지뭉치에 불과하다는 것을 깨달았기 때문이다. 온갖 좋은 음식을 먹어 지탱해온 육신도 썩어 없어질 가죽부대에 다름아니라는 것을 꿰뚫어 볼 수 있는 남다른 시력을 지니고 있었기 때문이다.

불에 타면 한 줌의 재요
땅에 묻히면 썩어 한 줌의 흙인 것을
뭘 그리도 움켜잡으려 하십니까.

움켜쥔 주먹을 풀어 돌리면
낙원이 꽃피고,
지구 표피에서 얻은 것을 함께 나누면
훗날 그리로 귀환할 때
우주와 함께 웃을 수 있을 것입니다.

값진 보화도 쌓이면 썩고,
재화에 눈먼 이는
죽음이 다가와 그것을 털려 할 때
뼈아픈 후회밖에 없을 것입니다.

울면서 온 생을

웃으면서 가볍게 떠나고 싶습니까.

좀이 쏠거나

도둑도 넘보지 못할

영원히 낡아지지 않는 주머니를 만드십시오.

졸시, 〈낡아지지 않는 주머니를 만들라〉

야자발키야와 마이트레이는 이제 더 이상 변하는 것들에 대한 애착이 없다. 좀이 쏠거나 호시탐탐 도둑이 노리는 것들에 대한 미련도 없다. 그들은 이제 '영원히 낡아지지 않는' 보물이 바로 자기 안에 있음을 알고 있다. 그 보물이란 바로 자기 안에 살아 있는 불멸의 영혼 '아트만'이다. 이런 자각이 있었기에 그들은 남루한 옷 한 벌 걸친 채 영원한 자유인의 길, '무소유의 길'로 나설 수 있었던 것이다. 우파니샤드에서는 이런 무소유의 삶을 인간이 영적인 수행을 통해 올라갈 수 있는 '최고의 경지'라고 말한다.

자신의 권위를 상징하는 모든 것과 성직자의 제복 등 일체를 저 흐르는 물속에 던져버리고 아무것도 가진 것이 없이 알몸뚱이가 되는 것이다. 그런 다음 기도와 명상 그리고 경전마저 모두 버리고 화복禍福에도 관심 갖지 말고 지혜와 어리석음마저 버리는 것이다.

칭찬과 비난, 자존심, 시기, 위선, 분노, 기쁨, 그리고 자신을 보호하려는 마음마저 버리는 것이다. 자신의 몸을 시체처럼 여기고 이익과 불이익에도 관계치 않는 것이다.

그저 생명을 유지할 만큼 먹고 모든 지식과 예술적 재능 그리고 장유長幼의 순서마저 버리는 것이다. 선악에도 아예 관심 갖지 말고 종족에 대한 우월감과 자신이 소속되었던 종교나 단체의 교리마저 헌신짝처럼 내버리는 것이다.

그런 다음 마치 어린아이처럼 미치광이처럼 홀로 떠돌며…… 저 불멸의 음절 '옴 Om'만을, 심장의 이 고동소리만을 들으면서 헌옷 벗을 때가 오면 이 육신을 벗어버리는 것이다.

이처럼 모든 집착을 버리고 알몸이 되어 철새처럼 떠도는 이 단계가 최고의 경지에 이른 삶인 것이다.

투리야티타바디타 우파니샤드

이런 경지에 도달한 이들의 관심은 외계의 물질세계를 떠나 오직 마음의 배후에 있는 불멸의 자아에 있다. 자기 안에 있는 그 불멸의 자아를 알고 나면 더 이상 다른 욕망이 생겨나지 않기 때문이다. 그것을 알고 나면 욕망이 완전히 충족되기 때문에 어떤 욕망도 생기지 않는다. 그래서 우파니샤드는 불멸의 자아를 알고 나면 다른 욕망들은 얻은 것이나 다름없다고 하는 것이다.

그럼에도 불구하고 그들은 사람을 사랑하고 세상을 사랑한다. 물론 그 사랑은 보통 사람들의 애착이나 집착과는 다르다. 그들이 사람을 사랑하는 것은 그 사람이 지닌 사랑스러움 때문이 아니라 그 '사람 안에 있는 아트만의 사랑스러움' 때문이며, 그들이 세상을 사랑하는 것은 세상의 사랑스러움 때문이 아니라 '세상 안에 있는 아트만의 사랑스러움' 때문이다.

야자발키야도 자신과 함께 만행의 길을 떠날 아내 마이트레이에게 이같이 말한다.

> 마이트레이여,
> 내가 그대를 사랑하는 것은
> 그대가 지닌 사랑스러움 때문이 아니라
> 그대 안에 있는
> 아트만의 사랑스러움 때문이라네.
> 브리하다란야카 우파니샤드

어둠의 성자 마더 테레사

이 구절을 읽으면 생각나는 인물이 있다. 인도의 성자로 존경받는 마더 테레사 수녀다. 그가 살아 있을 때의 일이다. 어느 날 한 기자가 찾아와서 수녀에게 물었다.

"수녀님은 어떻게 길거리에 버려진 병자나 죽어가는 노인들을 그토록 극진히 사랑하며 돌볼 수 있습니까?"

테레사 수녀가 활짝 웃으며 대답했다.

"내 눈에는 그들이 모두 그리스도로 보인다오."

야자발키야식으로 표현하면, 테레사 수녀는 버려진 병자나 죽어 가는 노인을 볼 때 그들의 겉모습을 본 것이 아니라 그들 속에 살아 있는 불멸의 영혼 '아트만'을 보았던 것이다. 어떻게 하면 이런 놀라운 시력視力을 지닐 수 있을까. 유한한 것 속에 있는 무한한 것을 볼 수 있는 시력을?

물론 테레사 수녀도 캘커타에서 마주친 고아와 빈민들의 삶의 비참함을 보고 그러한 비참이 허용되는 세계의 주재자가 신이라고 하는 것에 대해 회의를 느끼던 시절이 있었던 모양이다. 어둠과 고통으로 가득 찬 세계 속에 과연 신은 살아계시는 걸까. 그때 테레사 수녀는 자신이 성자가 된다면, '어둠의 성자'가 될 것이라는 기록을 남겼다.

나는 이러한 고백을 신에 대한 믿음의 결핍으로 여기지 않는다. 오히려 신 앞에서 정직하고 성실한 인간이었음을 증언해 주는 아름다운 고백이 아닐까. 그러니까 테레사 수녀는 빛의 신성만 아니라 어둠의 신성까지도 끌어안았던 진정한 자비의 화신이었던 것이다.

나는 벵골지역에 머무는 동안 마더 테레사 수녀의 이름으로 운영하는 영아원을 두 번이나 방문했다. 겨울에 해당하는 절기지만 영아원으로 가는 길에는 온갖 꽃나무들이 흐드러지게 꽃을 피우고 있었다. 영아원 문을 들어서는데, 갑자기 시원한 바람이 불며 나무에서 꽃잎들이 우수수 흩날렸다. 인도 땅에 와서 이런 은총의 꽃비를 맞는 것도 처음이었다.

영아원에는 수녀 세 분이 거리에 버려진 아기들을 데려다 돌보고

※ 영아원 뜰에 있는 마더 테레사의 초상

있었다. 아기들은 스무 명쯤 돼 보였다. 나는 제대로 먹지 못해 뼈와 가죽만 남아 있는 아이들, 몸이 불구가 된 아이들을 보며 자연스레 마더 테레사 수녀가 떠올랐다.

원장수녀의 안내로 작은 방으로 들어가니, 이제 곧 첫돌이 되어 가는데도 도무지 사람 구실을 할 것 같지 않은 한 아기가 칭얼대고 있었다. 젖병을 물고도 제대로 빨지 못하는, 피골이 상접한 아기였다. 원장수녀는 그 아기를 끌어안고 사랑스런 모습으로 물끄러미 바라보다가 검은 가죽만 붙어 있는 아기의 볼에 쪽쪽 소리를 내며 입을 맞추었다.

'이 수녀님 역시 저 아기를 그리스도로 보는 그런 눈을 지닌 것일까? 그렇지 않고서야 어떻게 저토록 극진한 사랑으로 아기들을 돌볼 수 있단 말인가!'

우리가 진정 타인을 사랑하려면 자기 속에 살아 있는 신성뿐만 아니라 다른 이 속에 살아 있는 신성도 볼 수 있어야 할 것이다. 그래서 인도의 한 구루는 인간뿐만 아니라 모든 만물 속에 신성이 살아 있으니, 모든 살아 있는 존재에게 머리를 숙이라고 말한다.

차돌멩이 하나에서 신을 보지 못한다면
하늘의 태양에서도 신을 보지 못할 것이요,
하늘의 태양에서 신을 보지 못한다면
참자아에서도,
그리스도에게서도 신을 보지 못할 것이다.

스와미 웨다

이 구루의 말처럼 만물 속에서 살아 있는 신성을 보는 사람은 만물을 신처럼 공경할 것이요, 또한 만물을 자기 몸처럼 사랑할 수 있을 것이다. 왜냐하면 모든 만물이 나와 다르지 않은 근원에서 비롯되었음을 알게 되기 때문이다.

다시 말해서 강줄기들이 각기 달라도 끝내 하나의 바다에 이르는 것처럼, 우리가 저마다 '작은 나'를 비울 때 비로소 '큰 나(브라흐만)' 안에서 하나가 될 수 있을 것이다. 자기의 궁극적인 소속이 광활한 신의 대양이라는 것을 깨달은 사람, 그런 사람은 비움조차 여읜 비움으로 성스런 사랑의 기쁨을 이웃과 더불어 나눌 수 있지 않겠는가. 샨티 샨티 샨티!

8

신의 지혜라는 불로 얽매임을 태우라

해탈의 행복

지혜의 불꽃이 육신 안에서 불을 밝히면
그는 이제 나뉘지 않는 지혜 자체가 된 것이니
신을 아는 자는
신(브라흐만)의 지혜라는 불로
모든 얽매임을 태우라. 그리하면
그는 그 끝이 없는 상태에 굳건히 세워진
아트만의 자리에 갈 것이니……
파잉갈라 우파니샤드

알몸의 사두

'지금 나는 타임머신을 타고 몇 백 년을 거슬러 온 것이 아닐까?' 인도 여행을 하다 보면, 이런 느낌에 젖어들 때가 많다.

인도의 영혼으로 불리는 오리사 주에 속한 푸리라는 해안도시에 머물며 사원 순례를 하던 어느 날, 나는 웨탈먼디르라는 힌두교 사원을 찾아가고 있었다. 푸른 야자수가 즐비하게 늘어선 작은 호숫가를 돌아가다가 어떤 허름한 건물 앞에 앉아 있는 낯선 모습의 한 사내와 마주쳤다.

홀딱 벗은 알몸에 흰 재를 뒤집어쓰고 있는 사내! 인도인 순례자들은 아무렇지도 않은 듯 사내 앞을 무심하게 지나쳤지만 나는 벌거벗은 사내를 쳐다보기가 좀 민망했다. 그는 인간의 본래 모습이 알몸임을 웅변하는 듯싶었다. 천 조각 하나 걸치지 않은 사내의 알몸을 가려주는 건, 머리에 둘둘 감은 꽃다발과 앞가슴에 길게 늘어뜨린 꽃목걸이가 전부였다.

　사내 앞에는 통나무 장작불이 활활 타고 있었다. 겨울에 해당하는 절기지만 푸리의 한낮은 쨍쨍 내려쬐는 뙤약볕이 살갗을 태울 만큼 따가웠다. 이렇게 무더운 날씨에 저 사내는 장작불을 피워놓고 뭘 하는 걸까. 미친 사람일까. 아니면 책에서 읽었던, 불의 신(아그니) 앞에서 고행을 하고 있는 사두일까.

　사내가 피워놓은 장작불을 보니 옛 시골집의 아궁이가 생각났다. 나는 숯 검댕이 거무데데하게 핀 아궁이 앞에 앉아 불 피우는 걸 참 좋아했다. 참깨를 털고 난 뒤의 대궁이나 바짝 마른 싸리나무 같은 것을 아궁이에 밀어 넣으면 땔감들은 타닥, 타다닥, 불꽃을 튀기며 순식간에 타올랐다. 활활 타오르는 불길은 뜨겁지만 나무가 불길을 받으며 내는 소리는 가슴을 쓸어내리듯 서늘했다. 나는 나무의 형체가 불길 속으로 스러지며 내는 소멸의 음향을 좋아했다. 애옥살이에 지쳐 이런저런 근심과 걱정이 밀려올 때 그 실체 없는 것들을 땔감과 함께 아궁이에 밀어 넣어 태우는 재미도 쏠쏠했다. 자기 내부의 불만을 익명의 세상으로 돌려 남의 집에 불을 싸지르는 방화족은 싫어하지만, 맑은 눈으로 자기 속내를 들여다보며 그 안에 덕지덕지 쌓인 찌꺼기들을 모아 태우는 정신의 방화족은 좋아한다.

　아니, 정화족淨化族이란 말이 더 어울릴지도 모르겠다. 그렇다면 저 사내는 일종의 정화족, 사두임이 틀림없어 보인다. '사두'란 가정의 굴레를 벗고 세속적 욕망을 뒤로 한 채 바람 따라 구름 따라 만행을

* 길가에서 만난 사두

지금 내 앞에 있는 사두의 행색에서도 방랑의 흔적을 엿볼 수 있다.
그의 몸은 몹시 야위어 보였으나 얼굴에서는 이상한 평온이 전해져왔다.
타오르는 불 앞에 고요히 가부좌를 틀고 앉아 있는 사두.
지나가는 이들이 더러 지전을 놓고 갔지만, 그런 것에도 무관심한 듯했다.

떠난 수행자를 가리킨다.

　사두는 주로 신화에 나오는 가장 위대한 고행자인 시바를 모방한다. 이마에 재로 세 줄을 긋고 삼지창을 든 사두는 고행을 통해서 세 가지 불순한 요소, 즉 자만심, 욕망에 사로잡히는 행위, 그리고 환영(마야)을 없애고자 한다. 사두가 한 곳에 머물지 않고 길과 숲을 방랑하는 것은 자신들의 몸과 마음을 항상 깨어 있도록 하기 위함이다. 한 곳에 머무르면 정체된다고 여기기 때문이다.^{리처드 워터스톤}

　지금 내 앞에 있는 사두의 행색에서도 그런 방랑의 흔적을 엿볼 수 있었다. 방랑이 고단했던지 사두의 몸은 몹시 야위어 보였다. 그러나 그의 얼굴에서는 이상한 평온이 전해져왔다. 타오르는 불 앞에 고요히 가부좌를 틀고 앉아 있는 사두. 그는 남의 시선 따위는 전혀 안중에 없는 것 같았다. 그는 아예 눈을 감고 있었다. 앞을 지나가는 이들이 더러 지전^{紙錢}을 놓고 갔지만, 그런 것에도 무관심한 듯했다.

　어둠과 침묵의 심연 속에 잠겨 있는 듯한 사두 앞에 나도 지전 몇 닢을 놓고 잠시 그 옆에 쭈그리고 앉았다. 밑에 있는 장작의 불길이 위에 있는 장작으로 옮겨 붙고, 위에 있는 장작의 불길이 옆에 있는 장작으로 활활 옮겨 붙는 것을 보면서, 나는 잠시 인도 고대인들이 신으로 숭배하던 '아그니'에 대해 생각했다.

불의 정화의식

'아그니'라는 이름은 산스크리트어로 '불'을 의미한다.

고대인들에게 불은 대단히 귀중한 것이었다. 그들은 화산이나 번개 같은 자연현상을 통해 불을 얻기도 했지만, 직접 불을 만들어 지필 수도 있었다. 부싯돌 같은 것을 부딪치거나 나뭇가지를 비벼서 말이다.

종교전승에 따르면, 힌두교인들은 가정생활의 중심이었던 '아궁이 속의 불'을 신성시하였고, 불을 '악마를 물리치는 힘'으로까지 인식하였다고 한다. 이처럼 불의 이미지는 삶의 '역동성' 그 자체이며, 또한 불은 모든 것을 태워버리는 청정한 성질을 지니고 있다. 불, 곧 아그니 신은 하늘과 땅 어디에나 존재한다. 하늘에는 태양, 공중에는 번개, 지상에는 저절로 타오르는 산불과 인간이 지피는 불 따위로 존재한다. 하늘과 땅에 두루 존재하는 불! 생명을 가진 것들은 불이 없으면 생명을 영위할 수 없기에 옛 사람들은 그토록 불을 신성시하였을 것이다.

그렇다면 저 사두는 우리에게 불이 없으면 존재할 수 없다는 것을 일러주기 위해 장작불을 피워놓고 저런 고역을 감내하고 있는 것일까. 아니면, 자기 내부에 있는 무슨 죄나 어둠의 찌꺼기 같은 것을 불사르고 자기를 정화하기 위해 저렇게 고행을 하고 있는 것일까.

어느 종교에나 정화의식은 있다. 하지만 종교가 점차 세속화되면서 그런 의식들이 간소화되거나 생략되는 경우가 많다. 이런 종교의

✱ 불의 신 아그니

　세속화 경향은 인간이 자기의 진실한 내면을 들여다보기를 두려워하기 때문인지도 모른다. 그런데 인도의 사원들을 순례하면서 보니 오랜 종교 의식들이 아직 그대로 살아 있는 것 같았다.
　오리사 주의 한 힌두교 사원 건물 옆에는 일부러 파놓은 듯한 작은 연못이 있었다. 그 연못에는 순례자 몇 사람이 옷을 입은 채 물로 뛰어들어 몸을 씻고 있었다. 그렇게 물로 몸을 정화한 순례자들은 수건으로 몸을 닦고 사원으로 들어가 신상 앞에 미리 준비해 간 꽃을 바치곤 했다. 그들의 그런 지극한 정성을 볼 때마다 저절로 옷깃이 여며지곤 했다.
　장작불 앞에 앉아 있노라니 금세 이마에 구슬땀이 송글송글 맺혔다. 나는 뜨거움을 참지 못하고 일어섰다. 일어서긴 했지만 뭔가 아쉬운 생각이 들어 문득 사두의 모습을 돌아다보았다. 사두는 눈을 감은 채 미동도 하지 않고 있었다. 내가 곁에 앉았다 일어선 것도 모르는 것 같았다. 하지만 사두의 알몸에도 땀방울이 맺혀 있었다. 다만 알몸에 바른 흰 재 때문에 땀방울이 맺힌 것이 눈에 잘 띄지 않을 뿐이었다.

실제로 힌두교의 경건한 예배자들은 신성한 불에 타다 남은 재를 몸에 바르고, 재의 수행예식을 행하면서 다름과 같이 읊조린다고 한다.

불도 재요,
바람도 재요,
물도 재요,
땅도 재요,
허공도 재다.
이 세상 모든 것이
다 재다.
눈도,
마음도,
오감도 모두 재다.
스와미 웨다

재, 재, 재…….

머리끝부터 발끝까지 재를 뒤집어쓰고 재 위에 앉아 있는 굴왕신 같은 사두의 모습을 보며 나는 문득 생각했다. 저 사두는 세상 규격에 맞지 않는 사람일까. 세상이 너무 답답해 서둘러 무변無邊의 피안으로 떠나고 싶은 걸까. 나는 활활 타오르는 불길 속에 형상이 무너지는 장작을 보며 형상이 사라질 때의 허무를 생각하고 있었지만, 짐짓 눈을 감고 있는 사두는 형상 없는 신과의 황홀한 합일을 꿈꾸는 것일까.

내가 이렇게 사두 곁을 떠나지 못하고 서성거리고 있을 때, 인도인 순례자 한 사람이 내 가까이 걸어왔다. 의문을 풀고 싶어 그에게 다가서며 물었다.

"이 사두와 얘기를 나눌 수 있겠습니까?"

그가 빙그레 웃으며 친절하게 대답해 주었다.

"이 사두는 지금 침묵 수행중인 것 같습니다."

"어떻게 아십니까?"

"나도 사람들에게 들었습니다. 이 사두는 메헤르 바바를 스승으로 모신다는군요."

아, 메헤르 바바라면 무려 44년 동안 침묵 수행을 한 것으로 유명한 성자가 아닌가. 그는 20세기 중반까지 살았던 성자로, 마하트마 간디도 그의 감화를 받아 침묵 수행을 한 것으로 알려져 있다.

나는 궁금증이 조금은 풀어져 이내 돌아서서 웨탈먼디르 쪽으로 발걸음을 떼어놓기 시작했다. 이상하게도 내 마음에는 침묵 수행 중이라는 사두의 얼굴에서 풍겨 나오는 평온과 고요가 전해져오는 것 같았다. 그래, 저 사두는 어쩌면 이미 해탈에 든 사람일지도 몰라!

허탈에서 해탈로 가는 여정

저 사두와 같은 수행자들의 궁극의 목표야말로 '해탈^{moksa}'을 얻는 데 있다. 어떤 이는 우리의 삶을 '허탈에서 해탈로 가는 여정'이라고 했는데 과연 해탈이란 무엇인가.

브라흐만이나 아트만이라는 개념도 그렇지만 해탈 역시 우리 인간의 언어로는 참으로 표현하기 쉽지 않다. 그래서 우파니샤드의 위대한 성자 야자발키야는 해탈을 남녀의 성적인 합일에 빗대어 간신히 묘사한다. 사람이 그 아내를 껴안고 있을 때 안과 밖의 그 어떤 일도 전혀 알지 못하는 것처럼 해탈의 기쁨도 그와 같다는 것이다. 그가 말하는 '안과 밖의 어떤 일'이란 윤회의 슬픔과 고통, 죽음에 대한 두려움, 무지, 육체의 욕망에서 비롯된 온갖 속박 등을 일컫는 것이다.

그러니까 진정한 해탈에 도달한 사람은 '욕망을 초월하고, 죄악을 초월하고, 두려움을 초월한' 상태이기 때문에 더 이상 육화된 몸으로 인한 괴로움이 없고, 절대의 자유를 누린다는 것이다.

그러면 속박의 소멸로서의 해탈이란 우리가 육신을 가지고 살아 있는 동안에 얻는 것인가, 아니면 육신이 소멸된 뒤에 얻는 것인가. 우파니샤드는 육신을 지니고 이 세상에서 살아가는 동안에 얻는 해

* 거리에서 만난 시바교 수행자

탈을 '생해탈^{生解脫}'이라 부르고, 육체가 죽은 후에 얻는 해탈을 '탈신해탈^{脫身解脫}'이라 부른다. 탈신해탈은 어느 정도 감이 오지만, 앞의 생해탈은 쉽사리 이해가 가지 않는다.

우리가 지상에서 몸을 지니고 살면서 해탈(생해탈)에 이른다는 것이 과연 가능한 일인가. 어떻게 육신을 가진 상태에서 육신을 벗어나는 일이 가능한가. 우파니샤드는 소우주인 우리가 대우주의 주재인 브라흐만의 상태로 가야 한다고 말하는데, 그것이 살아서 가능한 일인가. 그리고 우리가 브라흐만의 상태가 된다면, 마야일 뿐인 세계가 사라져야 하는데, 세계가 사라져 버리면 이 세계에 살고 있으면서 해탈을 얻은 사람은 도대체 어디서 산단 말인가.

《우파니샤드》에서는 인간의 몸을 세 가지로 나누어 설명한다. 물질의 몸, 영혼의 몸, 근원의 몸이 그것이다.

'물질의 몸'은 피와 살로 된 몸으로 사람이 죽으면 이 몸의 피와 살, 그리고 이 몸에 달린 모든 감각기관들이 그 기능을 상실하기 때문에 세상에서 사라져버린다. 그러나 그때 '영혼의 몸'은 외피의 몸이 생을 살면서 지은 업을 가지고 윤회의 바퀴로 들어간다. 그러니까 윤회의 바퀴를 도는 것은 이 세 가지 몸 중에 영혼의 몸이다. 이 영혼의 몸이 다시 그 업에 따라 새로운 외피의 몸을 입고 세상으로 나간다. 그런데 '근원의 몸'은 윤회의 축으로, 바퀴가 아무리 돌아도 그 바퀴축의 위치나 모양이 변하지 않는 것처럼 아무런 변화나 움직임이 없다. 매번 물질의 몸이 바뀌고, 영혼의 몸이 윤회의 바퀴 속을 돌고 돌아도 근원의 몸은 아무런 흔들림 없이 그대로 바퀴를 구르게 하는 축으로 존재할 뿐이다. 윤회의 목적인 해탈의 순간이 되면 영혼의 몸은 사라지고 오직 근원의 몸만 남는다. 이것이 바로 어떤 형태나 특성으로 설명할 수 없는 아트만인 것이다. 이재숙, 《이사 우파니샤드》 해설 참조

그러므로 우리가 해탈에 이르기 위해서는 우리 안에 있는 근원의 몸, 아트만을 자각하는 일이 중요하다. 우리가 여전히 물질의 몸을 가지고 있더라도 근원의 몸을 자각하는 삶을 살면 물질세계의 숱한 속박의 사슬을 끊고 자유를 누릴 수 있다는 것이다.

좀 더 부연하면, 육신도 그대로 있고, 마야의 세계도 그대로 내 곁에 있지만, 해탈을 얻은 사람은 자기의 참 모습이 바로 아트만임을 알기에 육체와 물질세계의 속박에서 자유로워진다. 즉 아트만은 육체를 가진 인간이 경험하는 즐거움이나 괴로움에서 아무런 영향도 받지 않는다. 자기 생명의 참 주인인 그 아트만을 자각하고 그로 인해 더 이상 자신의 육체와 물질세계가 자기를 속박하는 사슬이 되지 않는다면, 그는 해탈의 자유를 누리는 사람인 것이다.

근대 인도의 성자로 알려진 라마크리슈나, 그는 살아서 해탈을 얻은 사람으로 신의 화신化神이라고까지 불렸다. 그러나 그는 보통 사람들처럼 먹고 마시고 잠자고 살았다. 물론 그는 '황금'과 '여자'를 멀리하고 금욕적인 삶을 살았지만, 일상적인 삶을 소중히 여겨 자기를 따르는 제자들에게 세속의 의무도 다하라고 가르쳤다. 다만 그는 세상 속에 살면서도 세상에 속하지 않은 사람처럼 살았다. 마치 물오리가 물속을 자맥질하면서도 그 깃털이 물에 젖지 않아 뽀송뽀송

한 것과 같다고나 할까.

어떻게 이처럼 두 세계를 동시에 산책하듯 살아가는 삶이 가능할까. 그는 항상 자기 존재의 본질, 아트만에 몰두해 있었기 때문이다. 즉 아트만이 주는 희열과 평온을 순간마다 만끽하고 살았기 때문이다. 그에게는 어떤 이기심도 없었다. 어떤 종파적 편견으로 다른 종교를 믿는 이들을 배척하는 일도 없었다. 그는 브라만 계급에 속한 사람이었지만 계급적 차별의식도 없었다. 그는 불가촉천민처럼 가난한 마을 사람들의 집으로 가서 손수 화장실 청소도 했다.

세상에서 그를 속박할 수 있는 건 아무것도 없었다. 그런 자유로움을 그는 이렇게 고백했다. 어떤 에고가 자기에게 남아 있다면, 자기가 깨달은 것을 사람들에게 전해주고픈 에고뿐이라고. 그러한 에고를 일컬어 그는 '깨달음의 에고', 혹은 '자비의 에고'라 불렀다.

사람들에게 깨달음을 전하고 자비를 행하는 일은 사실 희열도 있지만 괴로움을 동반한다. 그럼에도 그 일을 기꺼이 감당할 수 있는 것은 '해탈한 자의 행복'을 맛보기 때문이다.

창조주의 행복감은 베다를 알고 죄와 욕망을 털어버린 해탈한 자의 행복감의 백분의 일일 뿐입니다. 이 해탈한 자의 행복이 지고의 행복이며, 브라흐만의 세계입니다.

브리하다란야카 우파니샤드

신의 지혜라는 불로 모든 얽매임을 태우라

붓다나 예수, 라마크리슈나 같은 위대한 영적 스승들은, 그들이 속한 종교적 전통과 표현은 각각 다르지만 모두 '해탈한 자의 행복'을 전하며 살았다. 그런데 그 행복은 그런 위대한 스승들에게만 주어진 것은 아니다. 오히려 인간 누구에게나 주어진 선물이라 할 수 있다.

> 지혜의 불꽃이 육신 안에서 불을 밝히면,
> 그는 이제 나뉘지 않는 지혜 자체가 된 것이니,
> 신을 아는 자는
> 신(브라흐만)의 지혜라는 불로
> 모든 얽매임을 태우라. 그리하면
> 그는 그 끝이 없는 상태에 굳건히 세워진
> 아트만의 자리에 갈 것이니…….
> 파잉갈라 우파니샤드

우리가 우리 안에 주어진 이런 신적 본성을 늘 자각하고 살면, 우리는 더 이상 무지의 어둠 속을 헤매지 않아도 된다. 우리 존재의 중심에서 타오르는 신의 지혜라는 불로 세속의 모든 얽매임을 태우고, '참자아(아트만)'의 빛 속에 살아갈 수 있으니 말이다.

어느 구루는 그 빛이 모든 은하계의 모든 태양빛보다 밝다고 말한다. 그리고 은하계의 모든 태양빛보다 밝은 그 빛이 작은 다이아몬드 하나로 압축된다면, 그 다이아몬드가 바로 '참자아'라고 일러준다. 이런 멋진 은유는 세속의 어둠과 숱한 유혹을 헤쳐 나갈 우리에게 큰 힘과 용기가 된다. 앞서 말한 성인들이 어두운 세상을 밝히는 '빛'일 수 있었던 것도 그 속에 '참자아'라는 다이아몬드가 빛나고 있음을 스스로 자각하고 살았기 때문인 것이다.

우파니샤드가 속삭여주는 이 비밀이 놀랍기만 하다. 무슨 말이 더 필요하랴!

그날 나는 웨탈먼디르를 보고 돌아오다가 다시 그 사두와 마주쳤다.

오후 2시쯤 되었을까. 지상의 장작은 다 타고 사위어 재만 풀풀 날리고 있었지만, 하늘의 장작불, 태양은 더욱 맹렬히 타오르고 있었다. 하지만 사두는 여전히 재를 뒤집어쓴 채 재 위에 꼿꼿이 앉아 있었다. 자기 속에 아무런 보화도 간직하지 않은 사람처럼 시치미를 떼고 말이다.

나는 아무것도, 아무것도, 아무것도 아니야……. 그런 모습으로!

9

신을 팝니다!

❧종교의 세속화를 경계함❧

성자 파잉갈라가 십이 년 동안
야자발키야를 스승으로 모신 뒤
이런 질문을 합니다.
"위대한 구절에 대해 설명해주십시오."
스승 야자발키야가 대답합니다.
"'그대가 바로 그이다'
'그대는 브라흐만(신)이 머무는 자리이다'
'내가 브라흐만(신)이다'
등의 위대한 구절을 명상하라."
파잉칼라 우파니샤드

비슈누, 가네샤, 칼리를 팝니다

이른 아침부터 바깥이 소란스러웠다. 물론 다른 날도 동틀 무렵이면 인가 가까이 날아드는 텃새들 지저귀는 소리로 항상 수선스럽긴 했다. 하지만 곤한 새벽잠을 깨울 정도는 아니었다. 그런데 오늘 바깥에서 나는 소리는 좀 달랐다.

나는 문을 열고 나가 이층 베란다에서 골목길을 내려다보았다. 집 앞 전봇대에는 다른 날처럼 짐수레를 끌고 온 흰 소 두 마리가 매여 있었고, 삼바티 시장 쪽에서 키가 무척 작아 보이는 한 사내가 아기족아기족 걸어오며 큰 소리로 외치고 있었다.

뭘 파는 장사꾼일까. 보따리 장사들이 더러 지나다니지만, 한 달쯤 머무는 동안에도 듣지 못한 목소리였다. 머리에 크고 둥근 광주리를 이고 집 앞까지 다가온 사내가 다시 외쳤다.

"타쿠르 아체!"

뭘 판다는 소리일까? 타고르 상을 판다는 것일까?

나는 인도에 와서 조각을 공부하고 있는 딸을 소리쳐 불렀다. 부엌에서 설거지를 하고 있던 딸이 무슨 일인가 싶어 헐레벌떡 달려왔다.

"'타쿠르 아체'가 뭘 판다는 소리냐?"

"아빤 참 호기심도 많아! 벵골어로 '타쿠르'는 '신상'이란 뜻이고, '아체'는 '있다'는 말이에요. 그러니까 신상을 팔러 다니는 장사꾼인 셈이지요."

나는 딸과 함께 베란다에 서서 아래를 내려다보았다.

"타쿠르 아체…비슈누…가네샤…칼리…아체!"

사내가 다시 외쳤다. 그는 아주 구체적인 신의 이름까지 열거하며 소리를 질렀다.

'신을 팔아? 하하하……. 신들의 나라이니 그럴 수도 있겠군.'

이층에서 내려다보는 우리를 발견한 사내는 더 큰 소리로 외쳤다.

"비슈누, 시바, 칼리…아체!"

사내는 꾀죄죄한 머플러로 목과 머리를 칭칭 감고 있었다. 검고 큰 눈동자만 빼꼼했다. 이른 아침이라 좀 추운 모양이었다.

위에서 내려다보니, 사내가 머리에 이고 있는 대나무 광주리에는 테라코타로 된 신들이 빼곡 얹혀 있었다.

사내는 좋은 고객을 만났다고 여겼던지 광주리를 땅에 내려놓고 우리를 향해 손을 흔들며 뱅실거렸다. 나는 사내의 남루한 행색에 맘이 좀 흔들렸지만, 여행 짐을 늘리지 않으려 두 손으로 X자를 만들었다. 대개 저런 행상인들에게 빌미를 주면 오도깝스럽게 덤비는 것을 잘 알고 있기에 얼른 손을 흔들어 작별인사를 건네고 딸과 함께 방으로 들어왔다. 사내는 관심을 갖고 쳐다봐주는 고객에게 팔지 못한 게 못내 아쉬운지 몇 차례 더 고함을 질렀다. 그러고는 골목 안으로 멀어져 가는지 그 목소리도 점차 작아졌다.

인도 사람들은 집집마다 갖가지 신상들을 모시고 있었다. 호텔이나 상가에도 신상들은 모셔져 있었다. 힌두교인들은 자기들 집안에 신들을 모시고 아침저녁으로 푸자(종교예식)를 바쳤다. 푸자를 바치는 시간에는 어김없이 소라 껍데기로 만들어진 나팔을 부우부우 불어댔다. 며칠 전에도 나는 이웃집에서 부는 소라 나팔 소리에 새벽잠을 깬 적이 있었다.

이곳에 머무는 동안 자주 다니던 상점에서도 푸자를 바치는 것을 여러 차례 보았다. 금방 딴 싱싱한 꽃을 신상 앞에 바치거나 그윽한 향을 피워놓고 푸자를 드렸다. 푸자를 드릴 때마다 손으로 신상들을 만지기에 신상들의 몸은 손때가 묻어 반들반들거렸다. 상점이나 은행 같은 곳에 가장 많은 신상은 단연 가네샤(코끼리) 신상이었다.

가네샤는 인도 전역에서 널리 숭배되는 대중적인 신이다. 가네샤가 사람들의 관심을 끄는 이유는 인도의 수많은 신들 중에서 드물게 현세의 이익을 가져다주는 서민적인 풍모를 띠고 있기 때문이다. 가네샤의 우아하면서도 친근한 성격은 사람들이 겪는 각종 어려움을 해결해줄 뿐만 아니라 부와 일의 성공을 가져다준다고 믿고 있는 것 같았다.

❋ 천에 수놓아진 가네샤

　코끼리 머리와 볼록 튀어나온 배로 웃음을 자아내는 가네샤는 그 독특한 캐릭터로서 대중에게 큰 인기를 얻고 있었다. 이야기가 나온 김에 가네샤가 코끼리 머리를 지니게 된 사연을 덧붙이면 이렇다.

　시바 신의 아내인 파르바티에게는 한 가지 불만이 있었다. 남편인 시바 신에게는 시종들이 많아서 그를 위해 여러 가지 일들을 해 주지만, 자신에게는 그런 시종 하나 없었기 때문이다. 그녀는 생각 끝에 자신을 중심으로 떠받드는 시종을 만들기로 작정했다.
　파르바티는 남편이 없는 틈을 타서 비술을 행했다. 자신의 몸을 문질러서 나온 때에 향유를 섞어서 인형을 만든 뒤, 갠지스 강의 성수를 뿌리고 생명을 불어 넣었다. 이렇게 해서 인형은 생명을 가진 존재가 되었다.

그녀는 새로 태어난 생명을 보며 미소를 지었다.

"아들아, 내 아들아, 나를 위해 충성을 다해 주렴!"

파르바티는 곧바로 아들에게 임무를 맡겼다. 그녀는 자신이 목욕을 하고 있는 동안 아무도 집에 들어오지 못하도록 파수를 서라고 했다.

아들은 어머니의 명을 따라 집 앞에서 충실하게 문지기 노릇을 하고 있었다.

그런데 운이 나쁘게도 바로 그때 시바 신이 들어왔다. 새 아들은 한 번도 보지 못한 아버지를 알아 볼 리가 없었다.

"당신은 누구요? 여기는 아무나 들어올 수 없소."

시바 신은 낯선 남자가 자신의 집에 들어가는 것을 제지하자 매우 불쾌했다. 더구나 고압적으로 누구냐고 묻는 바람에 분을 참지 못하고 칼을 뽑아 문지기의 목을 베어버렸다.

파르바티가 목욕을 마치고 바깥으로 나왔을 때는 이미 엄청난 일이 벌어져 있었다. 애써 만들어 놓은 아들이 아버지의 칼에 피를 흘리며 죽어 있었던 것이다. 그녀는 자기 아들이 죽임을 당했다는 사실을 도저히 받아들일 수 없어 크게 탄식했다.

시바 신은 상심한 아내를 위로하기 위해 아들을 다시 살려내겠다고 약속했다.

그때 마침 그들의 집 앞으로 코끼리 한 마리가 어슬렁거리며 지나가고 있었다. 시바는 얼른 코끼리의 머리를 뚝 잘라 아들에게 뒤

집어씌웠다. 이렇게 해서 파르바티가 만든 아들이 코끼리 머리를 갖게 되었다는 것이다.

코끼리 머리에 항아리처럼 배가 볼록 튀어 나온 가네샤, 우스꽝스럽게도 그는 쥐를 타고 돌아다닌다. 거대한 몸집의 가네샤를 등에 태운 쥐의 모습은 상상만 해도 웃음이 절로 나온다. 인도 신들의 모습은 대체로 엄숙해 보이고 더러는 공포를 자아낸다. 예컨대 검은 얼굴에 붉은 혀를 쏙 내밀고 있는 칼리 여신은 자못 공포스럽기까지 하다. 하지만 가네샤는 매우 해학적이다. 아마도 이런 해학적 형상이 인도인들의 사랑을 받는 까닭은 아닐까. 나 역시 그 친근하고 우스꽝스런 형상에 매혹되어 인도를 여행하는 동안 여러 모양으로 변형된 가네샤 신상을 수집하기도 했다.

뱅골 지역에서는 가네샤 신뿐만 아니라 칼리 여신도 대중의 사랑을 받는 듯했다. 겨울 축제가 열린 샨티니케탄에서 만난 구걸하는 아이들. 그들은 무서운 칼리 여신 분장을 하고 불쑥불쑥 나타나 사람들을 놀라게 하며 때가 꼬질꼬질한 손을 내밀기도 했다. 세밀화가 발달한 나라답게 거지아이들의 분장 솜씨는 놀라웠다.

그렇게 신의 모습으로 분장한 거지아이들은 아주 당당하게 돈을 요구했다. 당신이 건네주는 돈은 나에게 적선하는 것이 아니라 칼리 여신에게 바치는 일종의 공물이라는 듯! 캘커타 같은 도시에서 택시를 타고 가다가 길이 막혀 택시가 멈춰 있을 때도, 거지아이들이 시바나 칼리 같은 신이 그려진 그림을 차창 안으로 밀어 넣으며 당당히 돈을 요구하곤 했다. 나는 그때마다 돈을 건네주며 정신적 혼란에 빠져들곤 했다.

하지만 혼란 속에서도 섣부른 판단을 정지시키곤 했다. 몇 차례의 여행, 짧은 식견으로 인도라는 거대한 나라를 규정하고 판단하고 싶지 않았다. 더 넓게 둘러보고, 더 깊이 들여다봐야 할 것 같았다. 사랑하면 보인다고 했으니 더 깊이 사랑해야 할 것 같았다. 아열대의 태양에 그을린 살갗이 더 새까맣게 그을려야 할 것 같았다. 신발이 닳도록 여행하면서 묻은 누런 먼지가 더 켜켜이 쌓여야 할 것 같았다.

하지만 인도 역시 거대한 자본주의 물결에 휩쓸리고 있다는 사실은 부정할 수 없었다. 종교의 세속화는 인도라고 예외는 아닌 것 같았다. 어떤 시인의 표현처럼 '신을 너무 낭비하고 있는 것은 아닌가?' 하는 생각도 들었다. 내적 깊이를 상실할 때 종교는 그 외형을 확장하고 겉을 화려하게 치장하는 데만 혈안이 된다. 이를테면 요즘 명상이나 요가가 유행하며 상품화되듯이 종교가 저자거리에 나앉으면 신에 대한 순수한 열정은 사라져버리고 만다. 순수한 열정이 사라진 이들의 가슴에 신이 머무실 자리는 없는 법이다. 종교의 이러한 타락한 징후를 일컬어 '영적 유물론 spiritual materialism'이라 부르는 이들도 있다.

나는 신을 팔아 살아가는 영적 유물론자들에게 묻고 싶었다.

'그대들은 아는가? 그대들 자신이 바로 신성을 지닌 자임을?'

신에게 값을 매기지 말라

인도의 구루인 스와미 묵타난다는, 인간은 그 중심에 '신성의 불꽃'을 지니고 있다면서 이런 이야기를 들려주었다.

위대한 성자인 나나크데브에게 한 제자가 찾아와서 물었다.

"인간의 진정한 가치는 무엇입니까?"

성자가 대답했다.

"내일 다시 오라. 그러면 말해 주겠다."

다음 날 아침 제자는 나나크데브를 찾아갔다. 성자는 그에게 진귀한 보석 한 개를 주면서 말했다.

"이 보석을 시장으로 가지고 가서 값을 물어 보아라. 그러나 어떤 값에도 팔지는 말아라. 단지 가게마다 들러서 그 값을 물어보기만 해라."

제자는 성자의 말대로 보석을 들고 이 가게에서 저 가게로 돌아다녔다. 맨 먼저 그는 과일가게로 가서 물었다.

"이 보석에 대한 대가로 무엇을 주시겠습니까?"

과일가게 주인이 대답했다.

"오렌지 두 알을 주겠소."

제자는 다시 감자 파는 상인에게 갔다. 상인이 그가 내민 보석을 보고 말했다.

"감자 네 근을 주겠소."

그 다음에 그는 대장간으로 갔는데, 이 대장장이는 과거에 보석

상인이었다. 값을 묻자 대장장이는 오백 루피를 주겠다고 했다. 제자는 다른 보석가게 몇 군데를 더 들렀다. 가는 곳마다 점점 더 많은 돈을 주겠다고 했다. 마침내 그는 그 도시에서 가장 유명한 보석가게에 들렀다. 보석가게 주인이 자기 손바닥에 보석을 올려놓고 한참을 들여다보더니 휘둥그레진 눈으로 이렇게 말하는 것이었다.

"이 보석은 돈으로 사고팔 수 있는 것이 아니오. 이 보석은 값을 매길 수 없을 만큼 대단한 가치를 지니고 있소."

제자는 곧 나나크데브 성자에게로 돌아와 자기가 돌아다니며 겪은 바를 이야기했다. 그 말을 듣고 난 성자가 말했다.

"그래, 너는 이제 인간의 진정한 가치를 알았느냐? 사람은 자기 자신을 오렌지 두 알에 팔아버릴 수도 있고, 감자 네 근에 팔아버릴 수도 있으며, 오백 루피에 팔 수도 있다. 하지만 또 자신이 원한다면 값으로 따질 수 없을 만큼 귀한 존재로 자기 자신을 만들 수도 있다. 모든 것은 자신을 어떻게 생각하느냐에 달려 있다."

이야기 말미에 스와미 묵타난다는 우리에게 이런 가르침을 들려준다.

"그대들은 신의 은총 덕분에 인간의 육체를 하고 이 세상에 왔다. 벗들이여, 인간의 육체는 값으로 따질 수 있는 것이 아니다. 그 보석을 헐값에 처분하지 말라. 그대들이 내면으로 시선을 돌리면, 그대들의 육체의 진정한 가치를 발견할 것이다. 인간의 육체는 신이 거주하는 사원과 같은 것이다. 외부에 있는 신이 아니라 그대의 내부에 있는 신을 만나라."

여기서 묵타난다가 말하는 신은 '아트만(참자아)'을 가리킨다. 바로 그 신이 인간 속에 내재한다는 것이다. 그러나 그 신의 내재는 인간의 노력 없이 이루어질 수 있는 것은 아니다. 인간 속에 신이 내재한다는 것은 그 가능성 혹은 잠재성을 말하는 것뿐이다. 인간 속에 내재하는 신을 붙잡는 것은 인간이 자신의 의지와 행동을 통해 추구해야 할 의무이다.

우파니샤드의 성자들은 그래서 '숲 속 수행기林棲期'가 돌아오면 세속적 욕망을 내던지고 숲으로 들어가 신을 추구하는 것을 성스런 의무로 여기고 실천했다. 그것을 삶의 의무로 규정한 인도인의 종교적 열망이 놀랍기도 하거니와, 실제로 그런 지난한 의무를 실천으로 옮긴 사람들은 많지 않을 것이다. 그것을 삶의 의무로까지 규정한 것은 인간 존재의 양면성을 철저히 인식한 결과일 것이다.

그러므로 인간의 신성은 실제적인 어떤 것이 아니라, 전체이기를 열망하는 신의 일부일 뿐이다. 말하자면, 인간은 티끌인 동시에 신적 존재이며, 그 속에는 신과 야수가 공존한다. 라다크리슈난

이와 같이 현실적으로 모순을 안고 있는 인간이기에, 우리는 때로 자기 안의 야수적 본능에 굴복하여 신을 거래의 대상으로 여기기도 한다. 동물적인 낮은 자아의 욕망과 이기심에 뿌리를 둔 온갖 야망에 사로잡히면, 자기의 생명 에너지를 경박하고 천한 자아의 차원에 머물게 하며 자기의 영혼을 불구로 만들어버리기도 한다.

오늘 우리가 사는 세계에는 여전히 신을 거래의 대상으로 여기는 불구의 영혼을 가진 이들이 있다. 소위 장사꾼의 심성을 가진 그들에

게는 모든 것이 거래의 대상이 된다. 신이 거하는 처소인 자기 자신도 시장 바닥으로 전락시키고 만다. 신의 처소인 그들 존재의 중심에 신은 온데간데없고 오로지 '이익'만이 자리해 있기 때문이다.

신이 머무실 자리인 지성소는 비어 있어야 하는 법. 그 지성소에는 신 이외에 그 무엇도 있어서는 안 된다. 하지만 자기 이익에만 되바라진 장사꾼들은 신의 처소인 자기중심마저 '거래하는 마음'으로 가득 채운다. 신도 상품처럼 거래하려 하고 진리도 거래하려 한다. 신이나 진리에 거래하는 의식이 빌붙으면 영혼은 파괴되고 만다. 거래하는 자들의 마음에는 오로지 '금화'만 가득 차 있고 신을 모실 자리가 없기 때문이다. 이를 중세의 한 신비가는 단호하게 꼬집는다.

신은 자유로운 분이기에 거래를 할 필요가 없다. 진리는 어떤 거래도 원치 않는다. 신은 자신의 유익을 구하지 않는다. 자신의 이익에 따라 행동하고 이유를 가지고 움직이는 사람은 신과 거래를 하고 있는 것이다.

마이스터 엑카르트

그렇다. 신은 돈으로 살 수 있는 분이 아니다. 신은 값을 매길 수 있는 분이 아니다. 우리가 저울에 달 수 있는 것, 자로 잴 수 있는 것에는 값을 매길 수 있다. 그러나 신을 저울로 달 수 있던가. 인간의 영혼을 저울로 달 수 있던가. 사랑을 저울로 달고 자로 잴 수 있던가. 정말로 값진 것은 저울로 달 수도, 자로 잴 수도 없다.

거룩한 삶에 대한 공경

　인간이 신을 거래의 대상으로 삼는 것은 자기의 존엄을 짓밟는 행위이다. 인간이 육체만으로 존재한다면 푸줏간의 고기처럼 저울로 달아서 팔고 사는 거래를 할 수 있을 것이다. 그러나 인간은 푸줏간의 저울에 올려놓을 수 있는 그런 존재가 아니다. 인간은 그 중심에 신을 모시고 있는 '성물聖物'인 것이다. 굳이 성물이란 표현을 사용하는 것은, 불멸의 신성을 모신 그 존엄성을 강조하고 싶기 때문이다. 우리가 신과 영혼과 사랑을 거래의 대상처럼 여기는 것은 자기의 영적인 성장을 스스로 가로막는 행위라는 것을 분명히 알아야 한다.
　그러므로 우리가 우리 영혼의 성장을 원한다면, 낮은 자아의 욕망을 제어하지 않으면 안 된다.

　　지혜롭고 마음을 통제하여
　　그로써 영구한 순수함에 도달한 사람은
　　그 목적지까지 도달하여
　　이 고통스런 탄생과 죽음의 쳇바퀴 속으로
　　다시 내려오지 않게 된다.
　　분별력 있는 마부, 지혜를 가지고
　　마음의 고삐를 단단히 쥐는 통제력을 가진 사람은
　　이 세상의 여로를 마치고

만일 어떤 사람의 욕망이 육신이라면, 그는 간부가 될 것이다.
만일 그 욕망이 아름다움에 관한 것이라면
그는 예술가가 될 것이며
만일 그 욕망이 신이라면 그는 성자가 될 것이다.
　　　　　　　　　　　　　　-라다크리슈난

＊ 가정집 벽에 그려진 칼리 여신상

편재하는 신의 그 지고의 경지에 도달하리라.
카타 우파니샤드

여기서 '분별력 있는 마부, 지혜'란 '아트만'에 대한 자각을 말하는 것이다. 우리가 자기 안에 있는 불멸의 신성 아트만을 자각하지 못하면 물질을 섬기는 노예가 되고 만다. 물질은 우리의 외적 삶을 지탱하는 바탕이긴 하지만, 그것의 노예로 전락하면 '고통스런 탄생과 죽음의 쳇바퀴'를 벗어날 수 없다.

우파니샤드는 모든 욕망을 금하라고 하지는 않는다. 다만 욕망하는 대상이 무엇이냐고 묻는다.

만일 어떤 사람의 욕망이 육신이라면, 그는 간부姦夫가 될 것이다. 만일 그 욕망이 아름다움에 관한 것이라면 그는 예술가가 될 것이며, 만일 그 욕망이 신이라면 그는 성자가 될 것이다.
라다크리슈난

그러나 오늘날 우리가 사는 세계를 둘러보자. 심지어 종교인들조차 '신'을 욕망하는 이는 드물다. 표피적인 욕망의 충족에 목숨을 걸지언정 보이지 않는 근원에 대한 관심은 냉담하다. '내세의 주식'을 사기 위하여 혹은 '신과의 구좌'를 트기 위하여 종교적 의무를 이행하는 이들은 있지만, 사심 없이 신에 대한 사랑과 헌신을 쏟는 순수한 신심은 찾기 어려운 세상이 되었다. 라다크리슈난

하지만 나는 인도를 여행하며 만난 무수한 고행자들, 사두들의 모습에서 거룩한 삶에 대한 공경이 살아 있음을 느낄 수 있었다. 그런 공경의 마음을 지닌 이들이 존재한다는 것은 인도의 오랜 영적 유산이 면면히 이어져오고 있음을 보여주는 것이 아닌가.

나는 거리에서, 사원 부근에서 그런 이들의 모습을 보며 우파니샤드에 나오는 성자들을 자연스레 떠올렸다. 고대의 브리하드라타 왕 같은 이는, 비록 가진 것이 없지만 탁발로 살아가는 성자 사카얀야의 가르침에 감화되어 자기 왕좌를 버리고 성자의 발 앞에 엎드려 성스러운 진리에 대한 가르침을 청할 정도였다. 성자는 브리하드라타 왕의 성스런 열정과 결단을 기뻐하여 왕을 다음과 같이 축복했다.

"훌륭한 왕이시여, 이제 곧 그대가 소원한 것을 얻을 것이니, 그대는 아트만을 아는 자가 될 것이오." _{마이트리 우파니샤드}

왕은 세속적으로 결핍을 모른 존재이다. 그런 그가 '아트만'을 알기를 갈망한 것은 자신의 근원적 결핍 때문이었다. 인간이 근원적 결핍에 시달리는 것은 예나 지금이나 변함이 없다. 세속적 욕망의 추구로는 근원적 결핍을 채울 수 없고, 그것이 채워지지 않는 한 인간은 진정한 행복을 발견할 수 없다. 브리하드라타가 깨달은 것은 바로 이것이었다. 그리하여 그는 세속의 왕좌를 버림으로써 불멸의 신성을 얻은 진정한 왕이 되었다. 인간은 누구나 자기 안에 있는 '아트만'에 대한 자각을 통해 그와 같이 될 수 있는 가능성을 담지하고 있다.

가장 위대한 구절

히브리 성서의 지혜자가 말하듯 인간은 '영원을 사모하는 마음'을 자기 안에 간직하고 있다. 이는 인간 존재에 대한 적극적 긍정이다. 다시 말하면 우리는 본원적으로 신과 분리될 수 없도록 지음받은 존재인 것이다.

> 성자 파잉갈라가 십이 년 동안
> 야자발키야를 스승으로 모신 뒤
> 이런 질문을 한다.
> "위대한 구절에 대해 설명해주십시오."
> 스승 야자발키야가 대답한다.
> "'그대가 바로 그이다'
> '그대는 브라흐만(신)이 머무는 자리이다'
> '내가 브라흐만(신)이다'
> 등의 위대한 구절을 명상하라."
> 파잉칼라 우파니샤드

우파니샤드에서 '가장 위대한 구절'로 불리는 이 가르침은 우리가 신과 분리될 수 없는[주=] 존재임을 분명히 드러낸다. 세상에 무수히 많은 가르침이 있지만, 이보다 더 위대한 가르침이 또 있을까. 이 구절은 신과 내가 하나라는 동질성을 일깨운다. 힌두교 수행자들이나 요기들은 명상할 때마다 이 위대한 구절을 만트라로 즐겨 사용한다.

인도의 한 영적 스승은, 우리가 신과 하나라는 이 동질성을 깨달으면 오랜 생을 통해 축적된 카르마와 과거의 온갖 사념들을 모두 다 지워버릴 수 있다고 말한다. 더 나아가 우리가 신과 하나라는 자각으로 그 위대한 구절들을 명상하여 이원성을 초월하면 탄생과 죽음의 윤회에 마침표를 찍을 수 있다고 갈파한다.

하지만 오늘 우리가 사는 세계는 자기 존재의 근원을 망각하고 사는 풍조가 들불처럼 번지고 있다. 인간이 자기가 비롯된 곳과 돌아갈 곳을 망각하고 산다면 그에겐 방황과 파멸밖에 없을 것이다. 근원에 대한 망각은 사람과 신의 간극을 넓힐 뿐이다. 이 간극을 좁히고 신과 '사이 없는 사이'가 되기 위해 우리가 할 수 있는 일은 무엇일까. 들숨날숨을 쉴 때마다 이 '위대한 구절'을 늘 기억해야 하지 않을까.

"내가 브라흐만(신)이다."

우리는 우리를 낳아준 성스런 어머니 '신의 태胎'를 잊지 말아야 한다. 모두들 치매癡呆를 두려워하는 세상이지만, 이 성스런 어머니 신의 태를 까맣게 잊어버리는 영적 치매보다 두려운 것이 또 있을까.

# 10

백 년 가을을 살아라

✦ 윤회에 마침표 찍기 ✦

내 심장에서 네가 나왔다.
너는 내 아트만이다.
아들아, 너는 백년 가을을 살아라.
……
너는 모두가 원하는 금이 되어라.
아들아, 너는 진정 빛이니, 백 년 가을을 살아라.

카우쉬타키 우파니샤드

랄반 호수에서

인도에는 신들이 손톱으로 판 호수가 있다고 한다. 힌두교인들에게 신성한 장소로 여겨지는 아부 산 정상에 있다는 '나키'라는 이름의 호수!

이 호수를 신들이 손톱으로 팠다는 것은 단지 장구한 세월이 걸려 만들어졌음을 말하는 것은 아니리라. 오히려 이 전설이 우리에게 전하고자 하는 속뜻은, 신들에게는 속도가 목표가 아니라는 것이다. 사티쉬 쿠마르라는 인도 출신의 생태학자의 책에서 이 전설을 읽고, 언젠가 기회가 오면 나키 호수에 꼭 한번 가보고 싶다는 생각이 강렬해졌다.

빠르면 빠를수록 좋다는 이 광기의 문명을 살며 현기증에 시달려온 나 같은 사람에게는 이 나키 호수의 전설이야말로 참으로 신선한 충격이었다. 속도란 인간을 끊임없이 유혹하는 악마라는데, 그동안

✴ 이른 아침의 랄반 호수

나도 그 악마가 퍼뜨리는 마력에 중독이라도 된 것일까. 몸에 밴 타성 때문에 인도를 여행하면서도 자꾸 조급증이 일어날 때마다, 신들이 손톱으로 천천히 호수를 파는 광경을 떠올리며 혼자 중얼거리곤 했다. 그래, 서두르지 말고 천천히, 천천히 가자!

나는 나키 호수를 가지 못하는 대신 숙소에서 가까운 곳에 있는 랄반 호수를 자주 찾아가곤 했다. 이 호수는 지금 내가 머무르고 있는 서벵골에 속한 볼푸르라는 작은 도시 변두리에 있다.

어느 날 나는 맑고 투명한 랄반 호수를 들여다보다가, 만일 하늘에서 호수를 내려다본다면, 대지의 눈동자 같지 않을까 하는 생각을 했다. 그러고나서 호수의 이름을 내 멋대로 '대지의 눈동자'라고 명명했다.

며칠 전 이른 새벽에 나왔을 땐 호수 위로 짙은 안개가 피어오르고 있었는데, 오늘은 안개가 말끔히 걷혔다. 티 없는 아이처럼 맑은 대지의 눈동자 속에는 붉은 해가 퐁당 잠겨 이글거리고, 오리 수십 마리도 눈부신 물 위로 떼를 지어 둥둥 떠다니다가 물고기 사냥이라도 하는지 물속으로 자주 자맥질하곤 했다.

나는 며칠 전부터 우연히 여행 동무가 된 J시인을 깨워 함께 아침 산책을 나왔다.

호숫가에는 벌써 주변에 사는 농부들과 잠이 덜 깬 표정의 아이들이 나와 물가를 어슬렁거리고 있었다. 늙은 농부들은 물가에 선 님나무 가지를 꺾어 입에 물고 이를 닦고 있었다. 님나무에는 천연 항생제가 함유되어 있어 사람들은 연필만 한 크기로 자른 님나무 가지를 질겅질겅 씹어 칫솔을 만들어 이를 닦는다.

나도 님나무 가지를 꺾어서 그 끝을 질겅질겅 씹었더니 금세 칫솔처럼 솔기가 만들어졌다. 그렇게 만든 천연 칫솔로 농부들 흉내를 내보았다. J시인도 금세 나를 흉내 내어 님나무 가지를 씹어 이를 닦는다. 맛이 쌉싸래하지만 그래도 닦고 나면 구취가 사라지고 입안이 개운하다. 이를 닦은 농부들은 손바닥으로 호수의 물을 떠 입안을 헹구고 세수도 한다. 인도에는 이처럼 첨단의 문명과 야생의 삶이 공존하고 있다.

나도 손바닥으로 물을 떠서 입을 헹구었다. 입 안이 개운하다. J시인은 물이 더럽다고 생각했는지 물가에서 잠시 망설이다가 마지못해 물을 떠 입을 헹군다. 그러고는 손짓으로 물 건너편을 가리키며 중얼거린다.

"저쪽에선 빨래를 하는 것 같은데, 좀 찝찝하네요."

허허, 그래도 개운하잖아요, 하고 말하려다 나는 그냥 웃고 만다.

그리고 호수 저 건너편에서는 빨래를 하는 것 같은 게 아니라 진짜 빨래를 하는 것이라고 일러주고 그곳을 향해 발걸음을 옮긴다.

빨래하는 불가촉천민들

호숫가의 빨래꾼들은 어림잡아 열댓 명은 돼 보인다. 그들은 바지를 둥둥 걷거나 더러는 팬티 바람으로 물에 들어가 빨래를 두드리고 있다. 나이 어린 소년과 아낙들도 보이고, 백발이 성성한 노인들도 섞여 있다. 호수 둑에는 숱한 빨랫감들이 산더미처럼 쌓여 있다.

빨래꾼들은 얕은 물가에 세워놓은 돌에다가 물에 적신 빨래를 높이 쳐들었다가 내리치고 있다. 넓적한 돌 위에 빨래를 내리칠 때마다 물이 튀며 엷은 운무가 자욱이 퍼지곤 한다. 엷은 운무는 햇빛 속으로 퍼져나가며 영롱한 빛깔의 무지개를 피워올린다.

J시인은 이렇게 빨래하는 광경을 처음 본 듯 호기심어린 시선을 고정하고 있다. 물 먹은 무거운 빨래를 쳐들어 돌에다가 메치는 빨래꾼들의 이마엔 구슬땀이 번들거린다. 백발이 성성한 노인 곁으로 가서 빨래하는 모습을 지켜보던 J시인이 내 곁으로 성큼 다가선다.

"저 노인을 보니 가슴이 찡 하네요."

"왜요?"

"평생 저렇게 빨래만 하고 살아왔다고 생각하니……."

J시인의 말처럼 그 노인은 어쩌면 평생 빨래만 하며 살아 왔는지

빨래하는 불가촉천민들

'찬달라'라 불리는 불가촉천민들.
'불가촉'이라는 말에서 알 수 있듯
그들은 자기보다 신분이 높은 사람과의 접촉이 금지되어 있다.
종교적으로 찬달라들은 영혼이 부정하다고 여겨져 왔기 때문이다.

✽ 불가촉천민 출신의 빨래왈라

도 모른다. '찬달라'라 불리는 불가촉천민들. 현재 인도의 법에서는 계급차별을 금하고 있지만, 실제로는 저 빨래꾼들처럼 '찬달라'의 운명을 여전히 벗어나지 못하는 사람들이 부지기수이다. 인분 치우는 일, 쓰레기 수거하는 일, 남의 빨래를 하는 일, 시체 태우는 일, 머리 깎는 일 등이 찬달라의 몫이다. 심지어 마을에서 개나 돼지 같은 동물이 죽으면 그 시체를 치우는 일도 그들의 몫이다. '불가촉^{不可觸}'이라는 말처럼 그들은 자기들보다 신분이 높은 사람과의 접촉이 금지되어 있다. 종교적으로 찬달라들은 '영혼이 부정하다'고 여겨져 왔기 때문이다.

인간을 차별하는 불평등한 카스트 제도. 힌두교에서는 신이 이 카스트 제도를 만들었다고 한다. 기원전 1000년경에 씌어진 힌두 경전 《리그베다》에는 인간의 계급이 어떻게 생겨나게 되었는지에 대해 인간의 신체에 비유하여 기록되어 있다. 태초에 우주의 본질을 상징하는 신 푸루샤가 죽으면서 인간을 창조했는데, 푸루샤의 입에서 사제계급인 브라만이 나왔고, 팔에서는 군인계급인 크샤트리아가, 허벅지에서는 상인계급인 바이샤가, 두 발에서는 노예계급인 수드라가 생겨났다고 한다. 상체로 올라갈수록 신분이 높고 하체로 내려갈수록 신분이 낮아진다. 소위 사성제라 부르는 것이다.

이 사성제에도 들지 못한 아웃카스트가 있는데, 그들이 바로 가장 밑바닥에 속하는 불가촉천민들이다. 이 불가촉천민의 수는 인도 인구의 16퍼센트인 1억 65백만 명이나 된다고 한다. 이렇게 많은 사람들이 무려 3500년 동안 짐승 취급을 받으며 살아온 것이다.

봄 풀잎처럼 마음이 여리디여린 J시인은 말로만 듣던 불가촉천민들이 일하는 모습을 처음으로 보면서 몹시 가슴이 아픈 모양이다.

"저렇게 비지땀을 흘리며 일하는데, 한가롭게 쳐다보고 있는 게 왠지 민망하네요."

사람이 풍경으로 피어날 때처럼 행복한 때는 없다고 어느 시인은 노래했지만, 한가롭게 앉아서 그들이 일하는 모습을 한 풍경으로 바라볼 수는 없었다.

우리는 자리를 털고 일어나 온 길을 되짚어 발걸음을 떼어 놓았다. 발길은 랄반 호수 서쪽에 있는 사원으로 향했다. 나는 이미 몇 번 가 본 적이 있지만, J시인에게 그 사원을 보여주고 싶었다.

아담한 규모의 작은 사원이었다. 주변의 가난한 마을 사람들이 신심을 바치는 사원 같았다. 사원의 문이 자물쇠로 잠궈져 있어 안을 들여다볼 수는 없었다. 사원 정면에 호랑이 가죽을 깔고 앉아 명상에 잠겨 있는 시바 신의 모습이 그려져 있는 걸로 보아 시바 신을 섬기는 사원 같았다. 사방 벽에는 채색이 화려한 신상과 동물의 상들도 그려져 있었다.

시멘트로 쌓아올린, 수레바퀴 형상의 담을 보노라니 생사윤회生死輪廻란 말이 떠올랐다. 인도인들은 담을 만들면서도 거기에 자기들의 종교적 인생관을 표현한 것일까.

또 특이한 것은 사원 입구에 세워진 시인 라빈드라나드 타고르의 동상이었다. 왜 사원 앞에 시인의 동상을 세웠을까. 벌써 시인 타고

＊ 생전의 타고르와 마하트마 간디

르도 신의 반열에 든 것일까. 인도인들이 마하트마 간디를 존경하는 만큼이나 시인 타고르도 존경한다는 것은 이미 알고 있었다. 타고르는 노벨상을 수상한 시인으로서 뿐만 아니라 영적 지도자로서도 사람들의 존경을 받았다. 타고르는 이 아름다운 도시에 대학을 세워 교육에 힘쓰고, 농민들을 가난에서 벗어나도록 하기 위해 평생을 헌신했다.

그런 존경심 때문인지는 몰라도 주민들은 타고르가 세운 대학 주변에 피어난 흰 꽃 식물을 '타고르 꽃'이라 부르기까지 했다. 꽃이 큰 것은 '라지 타고르', 작은 것은 '스몰 타고르'……. 식물의 학명이 따로 있을 텐데, 사람들이 시인의 이름을 붙여 그 꽃을 부를 때, 나는 타고르의 아름다운 영혼이 피어난 것이라고 생각했다.

사원을 한 바퀴 둘러본 J시인이 물었다.

"인도에는 사원이 참 많은데, 과연 종교가 사람들을 구원하는 힘을 지금도 가지고 있을까요. 저기 불가촉천민들을 보면 오히려 종교가 저들을 억압하는 사슬이 되고 있지 않나요?"

"글쎄요. 종교도 불완전한 인간이 운용하는 거니까 당연히 부정적인 면이 있겠지요. 카스트 제도 같은 것은 분명히 부정적인 것으로 볼 수 있을 겁니다. 그리고 카르마*나 윤회사상 같은 것도 잘못 받아들이면 인간을 숙명론에 빠뜨리니까 역시 부정적인 것으로 볼 수 있겠지요."

"그러면 긍정적인 면은 없나요?"

인도 여행을 처음으로 하는 J시인은 궁금한 것이 많은 모양이다. 나 역시 인도에 대해 배우러 온 처지라 그냥 내 깜냥으로 대답한다.

"카르마나 윤회사상 같은 것은 우리로 하여금 자기 삶을 깊이 돌아보며 반성하게 만들고, 보다 나은 삶이 무엇인가를 궁구하도록 해준다는 점에서 긍정적 측면도 있다고 봐야겠죠."

사실 J시인과 더불어 인도를 여행하면서 그가 종교적인 것에 대해서 물을 때마다 조심스럽게 대답하는 나를 발견한다. J시인은 목사이기도 한 나를 종교에 관한 한 전문가라고 생각하기 때문이다. 하지만 누가 종교에 대해, 삶에 대해 전문가일 수 있겠는가. 순간마다 변하는 게 삶이고, 그 삶의 변화 앞에서는 누구나 초보자일 수밖에 없는 것이 아닌가.

"자꾸 물어서 미안한데요, 우리가 심은 대로 거둔다는 카르마 이론은 질량불변의 법칙 같은 거니까 부정할 수 없겠지만 윤회사상 같은 것에도 의미를 부여할 만한 긍정적인 가치가 있는 겁니까?"

J시인은 여전히 나를 전문가로 취급하는 기색이 역력하다. 하지만 그가 너무 진지하게 묻기에 그냥 침묵만 지킬 수는 없었다.

윤회의 쳇바퀴를 벗어나는 길

카르마 karma, 業는 산스크리트어로 삶의 '행위' 혹은 '행위의 결과'를 가리키는 말이다. 보다 정확하게 말하면, 카르마는 '행위의 잠재력'을 일컫는 말이다.

살아오면서 숱하게 겪어서 알듯이, 우리는 심은 대로 거둔다. 우리의 행위는 씨앗처럼 그 속에 잠재력業力을 가지고 있어 반드시 싹을 틔우고 결실을 맺고야 만다. 선한 씨앗을 뿌리면 선한 열매를 거두고, 악한 씨앗을 뿌리면 악한 열매를 거두게 되어 있다. 여기서 씨앗이란 우리의 생각, 말, 행동 모두를 일컫는 것이다. 잠든 순간을 제외하면 우리가 어떤 행위를 하지 않는 순간은 없다. 콩 심은 데 콩 나고 팥 심은 데 팥 난다는 속담이 있는데, 이 속담은 카르마의 법칙을 간명하게 드러낸다.

악업을 쌓은 사람이 당장 그 행위의 대가로 벌을 받지 않고 잘 먹고 잘 산다든지, 선업을 쌓았는데도 복을 받기는커녕 세상에서 끊임없는 고통을 당한다든지, 카르마의 법칙이 어긋나는 것처럼 보일 때도 있다. 그러나 당장 그 행위의 결과가 나타나지 않는다 하더라도 시간이 지나면 결과는 반드시 나타나게 되어 있는 것이 카르마의 법칙이다. 그래서 그 행위의 씨앗이 곧바로 열매로 나타나는 것을 '동시인과同時因果'라 하고, 그 결실이 천천히 나타나면 '이시인과異時因果'라 부른다.

하여간 이 카르마의 법칙은 삶을 통해 경험했듯 그 누구도 거부할 수 없는 법칙이다. 우리가 바다의 썰물을 막고 별의 운행을 멈추게 할 수 없는 것과 마찬가지로 도덕적인 행위의 결과가 발현하는 현상을 저지할 수는 없다. 카르마의 법칙을 뛰어넘으려는 시도는, 자기의 그림자를 뛰어넘으려는 것만큼이나 무모하다. 라다크리슈난 우파니샤드 시대 이전에는 인간이 자신의 과오(죄)를 벗어나기 위해 신에게 희생제의를 바쳤다. 소위 베다 시대의 사람들은 동물을 죽이거나 심지어 인간의 피를 흘려 신에게 제물로 바쳤다. 이런 우매한 베다 사상의 결점을 바로잡기 위해서 우파니샤드는 카르마의 법칙을 크게 강조한 것이다. 즉 인간은 자신의 선행을 통해 선하게 될 수 있고, 악행을 통해 악하게 될 수 있다는 것이다. 오늘 내가 먹은 음식이 미래의 내 몸을 만드는 것처럼, 오늘의 내 행위가 내일의 내 삶을 결정하는 것이다.

그런데 이 카르마의 법칙과 윤회사상은 동전의 양면과 같아서 서로 떼어놓고 말할 수 없다. 업 혹은 업보는 윤회사상과 불가분의 관계라는 것이다. 인간이 업을 짓기 때문에 윤회를 피할 수 없지만, 업을 짓지 않으면 윤회란 없는 것이다.

그러면 우파니샤드가 말하는 윤회란 무엇인가. 그것은 우리가 자기 스스로 만든 업보로 인해 다시 태어나서 겪는 생의 고통을 말하는 것이다.

> 무지無智의 인간은
> 그의 업보나 그 생각하는 바에 따라
> 또 다시 그 자신이 모르는 육신을 입으러
> 세상으로 간다.
> 그러나 어떤 사람들은 그처럼 왕래하지 않는다.
> 이처럼 행함에 따라 생각하는 바에 따라

각기 그 처지가 다른 것이니.

카타 우파니샤드

우리가 전생에 지은 업이 씨앗이 되어 현생의 행위를 만들어내고, 현생의 내 행위가 다시 씨앗이 되어 내생의 행위를 만들어낸다. 즉 우리가 무지하여 업보를 지으면 다음 생에 다시 육신을 입고 태어나는 윤회의 고통을 겪어야 한다는 것이다. 그러니까 우리가 호숫가에서 보고 온 불가촉천민의 경우, 그들이 그런 천한 신분으로 이승에 태어나 고통스런 삶을 사는 것은 그들이 전생에 지은 업 때문이라는 것이다. 전생에 악업을 지으면 개나 돼지 같은 축생으로 태어날 수도 있고, 나무나 풀 같은 식물로 태어날 수도 있다. 이것이 바로 힌두교의 윤회 사상이다.

이런 업의 고통에서 벗어날 수 있는 가능성은 전혀 없는 것일까. 달리 말하면, 누구나 고해苦海라 불리는 이 생의 괴로움에서 벗어나고 싶은 것이 인지상정인데, 이 괴로운 윤회의 생을 살게 만드는 업보를 멸滅할 가능성은 없는 것일까. 만일 힌두교가 이런 가능성을 열어놓지 않았다면 구원의 종교라고 할 수 없을 것이다. 결국 숙명론의 늪에 빠져 허우적거릴 수밖에 없지 않을테니 말이다.

업의 씨 없는 존재

그러면 우리가 우리의 행위로 인해 거듭 윤회하지 않고 그것을 초월할 수 있는 가능성은 무엇일까. 우파니샤드는 인간이 자기의 '자유의지'를 바르게 행사할 때 카르마에서 벗어날 수 있다고 가르친다.

> 만드는 대로 행하는 대로 그대로 되리니
> 선한 일을 하면 선한 자가 될 것이오,
> 악한 일을 하면 악한 자가 될 것입니다.
> 그러므로 그가 원하는 대로 그대로 의지가 생기고,
> 의지가 생김으로써 업을 쌓고, 업을 쌓음으로써
> 그 결과를 드디어 얻게 되는 것입니다.
> 브리하다란야카 우파니샤드

여기서 '의지'란 인간이 자신의 내적 능력으로 자기 삶을 결정할 수 있음을 말한다. 인간은 단지 물질적 차원에 갇힌 존재가 아니다. 인간은 자신의 카르마보다 강하다. 만일 카르마의 법칙이 전부라면 진정한 의미의 자유는 불가능할 것이다. 인간의 삶이 단지 단순한 기계적인 관계들의 작용일 수는 없다. 인간은 영적인 존재이다. 따라서 인간은 카르마의 법칙이 지배하는 세상에서도 그 영적 능력으로 자기의 삶을 자유로이 선택할 수 있는 것이다.

＊ 불가촉천민들이 모여 사는 마을

물론 과거에 자기의 행위의 씨앗으로 만든 결실을 오늘 거두어야 하는 것만은 피할 수 없다. 하지만 인간은 자신의 카르마보다 강하므로 오늘 악업을 쌓지 않는 행위를 함으로써 악업의 고리를 끊어낼 수 있을 것이다. 더 이상 악업을 쌓지 않겠다는 의지, 그것은 내 안에 거하는 불멸의 신성 '아트만'을 알고자 하는 의지에 다름 아니다.

> 이 행함이 우선되는 인간의 세상에서
> 아트만과 그 참 욕망을 알지 못하고 세상을 뜨는 사람들은
> 어느 세상에서도 그 원하는 대로 얻는 자가 되지 못한다.
> 이 세상에서 아트만과 참 욕망을 알고 세상을 뜨는 사람들은
> 그들이 원하는 대로 마음껏 얻으리라.
> 찬도기야 우파니샤드

여기서 우파니샤드의 현자가 말하고자 하는 것은, 우리가 우리 존재의 심층에 있는 '아트만'을 안다면, 진정한 자유를 얻을 수 있다는 것이다. 우리가 카르마의 법칙에 지배되는 한 윤회의 속박을 끊을 수 없지만, 진정한 자유의 원천인 아트만과 우리 자신을 동일시할 수 있다면 지고의 자유를 누릴 수 있다는 것이다. 다시 말하면 우리가 불멸의 신성 아트만과 점점 가까워질수록 우리는 점점 더 자유로워지며, 우리가 아트만과 점점 멀어질수록 우리는 점점 더 이기적이 되고, 그 결과로 카르마의 속박에서 벗어날 수 없게 된다.

'그대는 누구인가?' 하고 누군가 물을 때
'나는 바로 그대입니다' 라고 대답하는 자는
그 순간 속박에서 풀려날 것입니다.
카우쉬타키 우파니샤드

이 아름다운 문답은 온갖 생의 속박에서 벗어나고자 하는 강한 열망을 지닌 자들을 위한 것이다. '나는 바로 그대입니다' 란 대답에서 '그대' 란 곧 아트만을 가리킨다. 요컨대 '나는 곧 아트만' 이라는 자각이 중요하다는 것이다. 왜냐하면 아트만이야말로 '업業의 씨 없는 존재' 이기 때문이다.

이러한 존재를 업業의 씨 없는 존재로 아는 사람은 스스로도 씨가 없는 존재가 된다. 그는 다시 태어나지 않는다. 죽지도 않는다. 방황하지도 않는다. 파멸하지도 않고, 불에 타지도 않는다. 그는 잘려지지도 않고, 두려움에 떨지도 않는다. 그는 화를 내지도 않는다. 그는 스스로 모든 것을 삼키는 아트만이라 불리리라.
수발라 우파니샤드

자신의 본질이 업業의 씨 없는 존재 즉 '아트만' 임을 자각하고 있는 사람은 더 이상 업을 짓지 않는다. 아니, 업을 지을 수가 없다. 자기의 참 모습이 불멸의 신성이라는 것을 알기 때문에 더 이상 소멸할 것들에 집착하지 않는 것이다. 이처럼 환영의 세상에 대한 집착에서 자유로워진 영혼은 더 이상 기계적인 업의 법칙에 지배되지 않는다. 그는 이제 업의 법칙이 지배하는 이 물질계가 아니라 불멸의 신성 아트만에 자기 존재의 뿌리를 튼튼히 내리고 있기 때문이다.

이처럼 아트만을 자기 존재의 뿌리로 아는 사람은 자기의 삶을 스스로 통제할 수 있다. 어디에도 매이지 않는 아트만과 자신을 동일시할 수 있는 사람은 그 자유의지로 자기의 운명을 바꿔나갈 수 있다. 인간의 운명은 고정불변의 것이 아니다. 인간의 운명은 오늘의 행위 또는 생각 여하에 따라 바뀔 수 있다.

물론 이런 삶의 태도를 가지고 자기 운명을 바꿀 수 있는 사람은 많지 않다. 여전히 대다수의 사람들은 사사로운 욕심을 가지고 계속 업보를 쌓아 윤회의 굴레 속에서 살아간다. 그러나 매우 드물기는 하지만 자기의 모든 욕심을 비우고 순수한 마음으로 행동하여 더 이상 업의 씨를 남기지 않는 사람도 있다. 질병으로 괴로워하는 사람을 고쳐놓고도 그 공[訓]을 모두 신에게 돌렸던 예수야말로 바로 그런 자유한 삶의 한 표상이다.

암베드카르와 마하트마 간디

인도 근대사 속에도 자신의 저주받은 카르마를 넘어서 영혼의 자유를 실현한 이들이 있다. 이미 널리 알려진 것처럼 불가촉천민 출신으로, 불가촉천민의 해방자로 알려진 암베드카르 같은 이가 그렇다. 그는 계급 차별을 금지하는 인도 헌법의 기초를 놓았으며 현대 인도불교의 중흥자로 알려져 있다.

그는 하층민을 그 카르마에 얽매이게 하는 힌두교의 법전을 불사르고, 끝내 타락한 힌두교를 버리고 불교로 개종했다. 종교가 인간을 위해 있는 것이지 인간이 종교를 위해 있는 것이 아니라며 인간의 존엄성을 지킬 수 없고 영혼의 자유를 누릴 수 없게 만드는 힌두교를 버렸다. 그러니까 암베드카르 같은 이야말로 우파니샤드의 정신을 구현한 인물이라 할 수 있다.

진실한 마음으로 진리를 찾으려는 사람은 카르마나 윤회 이론을 배우는 데 시간을 소비하지 않는다. 다만 그것을 받아들이고 자기를 변형시키기 위해 부단히 노력할 따름이다.

위대한 구루인 바바 하리다스가 한 이 말은 암베드카르 같은 이에게 해당하는 말일 것이다. 그는 자기를 변형시키기 위해 부단히 노력했기 때문에 자기를 속박해 온 카르마를 넘어설 수 있었다. 카르마는 그에게 더 이상 자기 존재를 옥죄는 사슬이 아니었다. 그리하여 그는 오늘의 책임적인 행위를 통해 더 나은 미래의 삶을 만들었다.

종교의 고갱이가 인간을 삶의 무거움에서 해방하여 가볍게 하는 것이라면, 암베드카르는 일찍이 그 본질을 깨닫고 자기뿐만 아니라 고통받는 이들을 돕기 위해 인간 해방의 대열에 섰던 것이다.

✼ 비스바 바라티 대학 내에 있는 마하트마 간디 상

이러저런 이야기를 나누며 걷는 동안 J시인과 나는 다시 랄반 호숫가 빨래터 부근의 나무 그늘 밑을 서성이고 있었다.

불볕이 따가운데도 빨래꾼들은 여전히 빨랫감을 내리치고 있었다. 어쩌면 자기들의 생보다 오래 되었을 빨랫돌, 그 빨랫돌이 다 닳기 전에 빨래꾼이 먼저 이승을 떠날지도 모르는 일이다.

빨래터 옆에는 빈 배 한 척이 떠 있었다. 나무로 만든 작은 배가 누군가를 기다리듯 물가의 나무에 매어 있었다. 저 빨래꾼들이 타고 건너온 배일까. 아니면 그들이 타고 건너갈 배일까. 아무도 타지 않은 빈 배, 저 빈 배는 자기 생의 카르마를 소멸시킨 사람만이 타고 건널 수 있는 배는 아닐까 하는 엉뚱한 생각도 들었다.

호숫가로 난 길을 따라 나오다가 대학 쪽으로 가는 샛길로 들어섰다. 인적이 드문 샛길 옆으로는 아열대의 나무들이 빽빽이 우거져 있었다. 이마에 땀이 촉촉이 배어 나오도록 걷다가 숲길을 벗어나자 타고르가 세운 비스바 바라티 대학이 나왔다. 아름드리나무에 둘러싸인 미술대학 쪽으로 들어서자마자 마하트마 간디 동상이 우뚝 서서 앞을 가로막았다.

타고르의 시혼詩魂이 깃든 대학에서 만난 마하트마 간디!

방금 전 빨래꾼들을 만나고 와서 그런지는 몰라도 간디가 새롭게 보였다. 간디는 암베드카르와 함께 인간을 차별하는 불평등한 카스트 제도를 인도 헌법에서 추방하는 데 앞장섰다. 간디는 불가촉천민들을 '하리잔(신의 자녀)'이라 부르며, 그들을 인간 차별의 고통에서 해방시키고자 노력했다.

간디 동상 앞에서 사진도 찍고, 미술대학 구내에 있는 보리수나무 그늘에 앉아 인도 대륙을 성큼성큼 걷던 모습으로 서 있는 간디 동상을 감상하고 있는데, 얼마 전 우파니샤드에서 읽은 한 구절이 문득 떠올랐다.

내 심장에서 네가 나왔다.
너는 내 아트만이다.
아들아, 너는 백 년 가을을 살아라.
……
너는 모두가 원하는 금이 되어라.
아들아, 너는 진정 빛이니, 백 년 가을을 살아라.
카우쉬타키 우파니샤드

이 아름다운 구절은 아버지가 길을 떠났다가 돌아와 아들의 이마에 입 맞추며 암송하는 만트라이다. 일종의 축복의 만트라인 셈이다. 그렇지만 이것이 단지 장수나 부귀영화를 빌어주는 만트라는 아니다.

너는 신성(아트만)을 품고 있는 존재이니 네 본성을 자각하고, 아름답고 풍요로운 가을날을 살듯 생의 부요를 누리라는 것이다. 세상에 집착하지도 말고 세상을 등지지도 말고 너의 다르마(의무)에 충실하며 모두가 원하는 금(金)처럼 빛나는 생을 살라는 가르침이다.

나는 이 아름다운 축복의 만트라를 마치 내 영혼의 스승 마하트마 간디가 던져주는 만트라처럼 받아 가슴에 고이 새겼다.

"아들아, 너는 진정 빛이니, 백 년 가을을 살아라!"

11

태양과 만물 사이에는 사이가 없다
행위의 결과에 집착하지 말라

행위의 결과에 더 이상 관심을 두지 말라.
언제나 만족해하며
철저하게 독립적이 되라.
그러면 비록
이 행위의 한가운데 있다고 해도
그대는 행위하지 않는 사람이다.

바가바드 기타

태양사원을 찾아서

태양의 화로는 이글이글 타오르고 있었다. 그 드높은 화로가 쏟아내는 불길을 견딜 수 없어 손바닥만 한 그늘이라도 찾아드는 순례자들의 얼굴은 온통 새빨갛게 그을려 있었다. 순례자들 틈에 섞인 나 역시 화상이라도 입은 듯 얼굴이 화끈거렸다.

태양 사원이 있는 코나락에 도착하니 그렇게 볕이 따가운데도 태양 사원을 보기 위해 몰려온 순례자들이 인산인해를 이루고 있었다. 사원으로 가는 길가에는 기념품 따위를 파는 상점들이 다닥다닥 붙어 있었다. 길은 비좁은데, 기념품을 팔기 위해 호객하는 장사꾼들, 점심식사를 위해 식당을 찾는 순례자들, 순례자들의 주머니를 노리고 떼를 쓰며 달려드는 거지들, 어슬렁거리는 소와 염소, 개들까지 뒤섞여 온통 북새통을 이루고 있었다.

그런 북새통 가운데서도 사람들은 사람들대로, 짐승들은 짐승들대로 어슬렁어슬렁 제 갈 길을 가고 있는 것이 퍽 인상적이었다. 오랜 세월 서로 잘 길들여져 온 것일까. 소가 지나가며 상점 앞에 큼직한 똥 덩어리를 뚝, 뚝, 뚝, 내갈겨도 누구 하나 욕지거리를 내뱉지 않았다. 겉으로 드러난 현상만 보면 짐승들의 낙원이 아닐 수 없었다.

내 앞에는 등에 혹이 툭 불거진 검은 소 한 마리가 어슬렁어슬렁 걸어가고 있었다. 소 꽁무니를 좇아 천천히 걷다 보니, 어느 새 태양 사원 앞에 도착해 있었다. 태양 사원은 유네스코가 지정한 세계문화유산이다. 그래서 그런지 다른 사원들보다 입장권이 몇 곱절은 비쌌다.

순례자들은 태양 사원 안으로 들어가기 위해 길게 줄을 서 있었다. 나도 입장권을 사서 들고 줄 끝에 섰다. 순례자들이 서 있는 줄 옆으로는 거지들이 죽 늘어앉아 있었다. 목 좋은 자리를 틀고 앉은 셈이었다. 불볕이 쨍쨍 내려쬐는 땅바닥이긴 하지만 그래도 신의 자비롭고 너그러운 성품을 닮아보려 길을 떠난 순례자들에게 구걸하고 있으니 말이다. 길거리에서 구걸하는 거지들처럼 달려들어 손을 벌리지도 않았는데 제 발로 걸어가 거지들 앞에 놓인 큰 깡통에다 루피를 집어넣는 순례자들이 제법 눈에 띄었다.

어떤 거지들은 때가 꼬질꼬질한 수건을 머리에 두르고 겨우 거웃만 가린 채 벌거숭이로 앉아 있었다. 그들은 벌거벗고 있었지만 이상하게도 벌거벗었다는 느낌이 들지 않았다. 이글거리는 불볕이 태우고 또 태워 겹겹이 입혀준 천연의 검은 가죽옷 때문일까.

입장권을 내고 들어가니, 고풍스런 태양 사원이 우뚝 솟아 드높은 위용을 뽐내고 있었다. 사원의 높이는 무려 70미터. 수리아 사원

❋ 코나락에 있는 태양 사원

이라고도 불리는 이 사원은 본래 '코나르카Konarka'라는 신의 이름에서 비롯되었다고 한다. '코나르카'는 '코나 kona, corner'와 '아르카 Arka(태양)'의 복합어이다. 그래서 사원이 있는 이 해안도시의 이름이 '코나락'으로 불리게 되었다고 한다.

힌두신화에서 태양신인 수리아는 일곱 마리의 말이 끄는 전차를

그들은 길거리에서 구걸하는 거지들처럼 달려들어 손을 벌리지는 않았지만 제 발로 걸어가 거지들 앞에 놓인 큰 깡통에다 루피를 집어넣는 순례자들이 종종 눈에 띄었다.

사원 입구의 거지들

타고 매일 하늘을 가로질러 달린다. 수리아 신의 전차를 모는 운전사는 아루나^{Aruna} 즉 새벽으로 알려져 있다. 그래서 새벽에 떠오르는 태양이 사람들에게 희망의 상징으로 여겨지는 것일까.

순례자들의 뒤를 따라 사원 가까이 다가가니, 사원 정면에는 눈알이 부리부리하고 대가리를 하늘로 높이 쳐든 말들이 파수병인 양 떡 버티고 서 있었다. 사원 측면으로는 큰 전차바퀴들이 돌로 지어진 사원을 떠받치고 있었다. 태양 사원 전체의 윤곽은 거대한 전차의 형상이었다.

석조 전차. 12쌍의 바퀴^{cakra}(진리의 상징)가 달린 전차를 일곱 마리의 말이 끌고 있는 이 전차의 형태는 일 년의 열두 달과 음력 한 달의 차고 기움을 나타낸다고 한다. 사원 상층부 세 곳에는 태양신 수리아가 안치되어 있었다. 아침, 점심, 저녁의 햇살을 받도록 배려해서 안치되었다고 하니 그 정교한 기술이 놀랍기만 했다.

사원 둘레를 천천히 돌며 나는 무엇보다 사원 외벽의 부조와 조각에 매료되었다. 진리의 상징인 12쌍의 수레바퀴. 오랜 세월의 풍상에 시달려 마모된 곳도 많았지만, 그 정교하고 섬세한 아름다움에 할 말을 잃을 지경이었다.

어떤 신화학자는 사원을 윤회의 삶 속에 있는 사람들을 피안으로 실어 나르는 수레와 같다고 했다. 책에서만 읽던 '수레로 상징되는 사원'을 볼 수 있어 무척 기뻤다.

더욱이 사원 외벽에 빼곡히 채워진 천녀상이며 악사들, 그리고 에로틱한 남녀교합상은 보는 이로 하여금 절로 탄성을 자아내게 했다. 순례자들은 카메라를 들고 사진을 찍어대기에 바빴지만, 나는 대담무쌍한 조각과 우아한 부조를 바라보느라 그저 넋을 잃을 뿐이었다.

보통 사원이라고 하면 경건하고 신성한 분위기를 연상하기 마련인데, 천녀상이나 에로틱한 남녀교합상들을 보면서 그동안 내 안에 틀 지워져 있던 사원에 대한 전이해가 산산이 부서졌다. 완숙하도록 익은 몸매, 터질 것처럼 풍만한 가슴과 둔부, 우아하게 패인 허리선, 악기를 켜는 듯 생동하는 몸짓, 넋이 빠진 듯한 황홀한 얼굴 표정, 그리고 솔직하고 대담한 성행위의 표현들을 보며 나는 혼란마저 느껴졌다. 왜 신성한 사원 벽에 이런 속된 조각상들을 새겼을까.

사원은 신이 거주하는 장소로서 그 신성한 기능 때문에 그만큼 공격 받기 쉽다. 항상 신과 한판 싸움을 벌이려고 벼르는 악마와 같은 불청객으로부터 해를 받지 않도록 보호막을 쳐둘 필요가 있는 것이다. 이런 이유로 사원을 드나드는 문에는 무기를 소지한 신격체들을 조각해서 파수하도록 한다. 불교 사원에 들어가려면 무서운 형상으로 창이나 칼을 꼬나쥐고 입구에 떡 버티고 있는 사천왕을 볼 수 있는데, 그런 형상들도 일종의 신격체로 볼 수 있을 것이다.

이런 신격체 말고 때로는 주술적인 힘을 갖는 다른 존재들도 배치한다고 한다. 그러니까 지금 내가 보고 있는 저 육체적인 사랑을 나누는 남녀교합상들도 그런 주술적 힘을 갖는 존재들로 볼 수 있을 것이다. 다양한 포옹의 자세를 취하느라 엉켜 있는 남녀교합상, 이런 에로틱한 상들에서 나오는 성 에너지를 외부의 공격을 막을 수

✱ 태양 사원의 미투나

있는 자연력의 하나로 여겨 힌두교의 사원 벽에 배치한다고 한다. 그러니까 태양사원의 벽에 새겨진 남녀교합상들은 이 사원의 온전한 유지와 보호를 위한 파수꾼들인 셈이다. 리처드 워터스톤

우파니샤드에는 이런 에로틱한 조각상들을 '인간과 신의 합일'의 상징으로 보는 듯한 표현이 나타난다. 그 시각적 원리를 뒷받침하고 있는 듯한 다음 구절이 바로 그것이다.

> 사람이 그 사랑하는 아내를 껴안고 있을 때
> 안과 밖의 그 어떤 일도 알지 못하는 것처럼
> 이 푸루사도 그 자신의 지혜를 껴안고 있을 때
> 안과 밖의 어떤 일도 알지 못합니다
> 브리하다란야까 우파니샤드

푸루사는 우주 만물 속에 두루 퍼져 있는 신(브라흐만)의 다른 표현인데, 사원 외벽에 즐비한 에로틱한 조각상들은 인간과 신의 신비적인 합일을 드러내기 위해 고안된 상징으로도 볼 수 있을 것이다.

신과 인간의 합일은 사실 인간의 언어로는 거의 표현이 불가능한 것이 아닌가. 따라서 그것을 표현하기 위해 그런 성적인 상징을 택한 것이 아니겠는가 하는 생각이 들었다. 예컨대 히브리 경전 중의 하나인 《아가서》 역시 인간과 신의 합일을 남녀의 성적 사랑에 빗대어 묘사하지 않았던가.

수리아에 점화된 생명의 원리

이 장엄한 태양 사원이 어떤 연유로 세워졌는지는 알 수 없었다. 다만 구전으로 전해오는 이런 전설이 있다.

옛날에 삼바Samba라는 사람이 있었는데, 크리슈나 신에게 큰 잘못을 저질렀다. 크리슈나 신은 삼바를 호되게 꾸짖고 문둥병에 걸리게 했다. 삼바는 자신의 잘못을 뉘우치며 크리슈나에게 간절히 용서를 빌었다.

"저를 용서해 주시면 무슨 일이든 마다하지 않고 하겠습니다."

크리슈나가 삼바에게 말했다.

"그렇다면 너는 코나락에서 태양신을 경배하도록 하여라."

삼바는 크리슈나의 말대로 무려 12년 동안 코나락에서 기도와 고행을 하며 태양신을 경배했다. 그러던 어느 날, 삼바는 자기를 괴롭히던 문둥병이 깨끗하게 나은 사실을 알게 되었다. 그리하여 삼바는 불치의 병에서 치유 받은 고마움의 표시로 태양 사원을 조성하게 되었다고 한다. 아마도 이런 전설 때문일 것이다. 인도 사람들은 태양신 수리아를 병을 치유하는 의사인 동시에 희망을 주는 자로 여긴다고 한다.^{이거룡}

태양은 만물을 살아 있게 하는 모든 에너지의 근원이기 때문에 그것이 사람들에게 희망의 근거로 인식되었다는 것은 이해하기 어렵지 않다. 태양이 떠올라 불타지 않는다면 우주는 즉시 황폐해져버릴 것이고 생명은 더 이상 살아남을 수 없을 것이니 말이다.

그래서 우파니샤드 중의 우파니샤드라 불리는 《바가바드 기타》에서는 태양신 수리아를 '생명의 원리'(진리, dharma)로 본다. 만물을 존재하게 하는 생명의 원리가 최초로 태양에 점화되었다는 것이다. 신의 화신으로 나타나 전차 운전병 노릇을 하는 크리슈나는 아르주나에게 다음과 같이 말한다.

나는 이 '불멸의 가르침'을
태양신에게 전했다.
태양신은 나의 이 가르침을
최초의 생명체인 '마누'에게 전했다.
마누는 또 이 가르침을
그의 아들인 '인간'에게 전했다…….
오늘 그 불멸의 가르침을
아르주나여, 나는 그대에게 전해주노니
그대는 나의 친구이며 나의 제자이기 때문이다.

최초로 태양에게 점화되고, 그 다음엔 최초의 인간인 마누에게, 그리고 마누를 통해 인간에게 전해지고, 마지막으로 아르주나에게 전해진 '불멸의 가르침'이란 무엇일까. 그것은 앞서 말한 것처럼 죽지 않고 사는 '영원한 생명'의 원리이다. 아르주나에게 전해준 불멸의 가르침, 영원한 생명의 원리가 지금 태양 사원 위에서 이글이글 불타고 있는 것이다.

고대인들은 그 숭고한 불멸의 가르침에 감화되어 태양을 신으로 숭배했지만 나는 오늘 저 이글거리는 태양의 변함없는 활동에서 삶의 지혜를 배운다. 태양을 숭배하는 일이든, 위대한 조상을 숭배하는 일이든, 숭배가 숭배로만 끝나고 말면 새로운 삶의 여명은 동트지 않을 것이다. 순례자들이 태양 사원에 와 두 손을 모으고 머리를 조아리더라도, 자기가 머리를 조아리는 대상을 있게 한 근원을 깨닫지 못한다면, 그것이야말로 무지이며 어리석음에 다름아닌 것이다. 견고한 돌로 지어진 태양 사원도 천 년의 세월을 견뎌내지 못하고 숱한 조형들이 마모되어 형체를 잃어가고 있음을 보고 있지 않는가.

그러므로 우리는 태양 사원이란 매개를 통해 '시간의 원천'인 태양을 보아야 하고, 또한 태양이 보여주는 '영원한 생명의 원리'를 깨달아야 한다. 이 영원한 생명의 원리는 물론 태양에게만 주어진 것은 아니며 크리슈나의 전언과 같이 최초의 인간 마누에게도 주어졌고, 오늘 우리에게도 주어졌다. 우파니샤드에서는 이렇게 표현한다.

사람 안의 아트만과
태양 안의 아트만은 하나이다.
따이띠리아 우파니샤드

내 식으로 표현하자면, 사람 안의 참 모습과 태양 안의 참 모습이 다르지 않다는 것이다. 그 참 모습을 '아트만'이라 부른다.

문제는 지금도 태양은 그 참 모습(아트만)을 고스란히 간직하고 있는데, 사람은 자기 내부에 있는 그것을 자각하지 못하고 있다는 것이다. 탐욕과 무지의 비늘이 눈을 덮고 있어 제 속에 감춰진 자기의 참 모습을 보지 못하는 것이다.

만일 내가 내 안에 '참자아'가 있다는 것을 자각한다면, 영원한 생명을 누리는 최초의 인간(마누)이 될 수 있을까. 최초의 인간, 곧 자기의 본성을 회복한 인간 말이다. 사랑의 신 크리슈나는 바로 자기의 본성을 잃어버린 인간을 본래의 참 모습으로 되돌리기 위해 다시 세상에 나타난 신의 화신인 것이다. 크리슈나는 자신의 참 모습(아트만)을 간직한 태양을 스승으로 삼아서 우리의 잃어버린 참 모습을 되찾아야 한다고 눈짓하고 있는 듯하다.

행위의 결과에 집착하지 말라

그러면 태양이 간직하고 있는 참 모습이란 무엇일까.

《바가바드 기타》를 주석한 비노바 바베는 태양이 간직하고 있는 참 모습을 '욕망 없는 활동'이라고 말한다. 동녘에 떠오르는 태양이 '나는 저 어둠을 살라버릴 거야. 어두운 지상에 빛을 비춰 새들을 지저귀게 하고, 꽃을 피어나게 하고, 사람들이 즐겁게 일하도록 할 거야'라고 생각하면서 활동하는 것이 아니다. 태양은 그저 하늘에 떠올라 그 빛으로 세상을 비출 뿐이다. 우리는 태양이 '활동'한다고 말하지만, 태양은 그저 '존재'할 뿐이다.

❋ 천에 그려진 크리슈나 신과 아르주나

만일 우리가 캄캄한 어둠을 몰아내고, 지상에 빛을 비춰 만물을 자라게 하고, 사람들이 활동할 수 있도록 하는 태양을 두고 대단한 일을 한다고 말한다면, 태양은 이렇게 대꾸할 것이다.

'빛은 나의 본성일 뿐이네. 꽃이나 새를 보게. 향기를 내뿜는 것이 꽃의 본성이고, 하늘을 날아다니는 것이 새의 본성이듯이 세상에 빛을 비추는 게 나의 본성일세. 나는 내가 빛을 발한다는 사실조차 인식하지 못한다네. 나에겐 내 존재 자체가 빛일 뿐이네.'

그렇다. 빛을 비추는 건 태양의 자연스런 존재 방식이다. 그러나 자기 본성에서 멀어진 인간은 그렇지 못하다. '참자아'를 망각한 인간은 자기 행위의 결과에 집착하기 때문이다. 선을 행할 때도 행위 뒤의 결과를 생각한다. 은행에 예치한 돈이 있으면 돌아올 이자를 계산하듯이, 우리의 행위가 가져올 열매를 기대한다는 말이다.

사랑할 때도 손익을 따지고 남을 도울 때도 돌아올 보상을 계산한다. 행위의 순수성을 잃어버린 것이다. 순수성을 잃어버린 사랑은 소유욕에 불과하다. 순수성을 상실한 자선은 자기 이름을 세상에 드러내려는 욕심에 불과할 뿐이다.

크리슈나는 이처럼 행위의 순수성을 상실한 오늘의 아르주나들에게 충고한다.

행위의 결과에 더 이상 관심을 두지 말라.
언제나 만족해하며
철저하게 독립적이 되라.

그러면 비록
이 행위의 한가운데 있다고 해도
그대는 행위하지 않는 사람이다.
바가바드 기타

행위의 결과에 집착하지 말라는 말은 행위 그 자체가 되라는 것이다. 행위 그 자체가 되어 어떤 흔적도 남기지 않는 사람이 되라는 것이다. 노자의 가르침처럼 공(功)을 이루어도 그 공에 머물지 말아야 하는 것이다. 그리하여 자기의 사사로운 욕심을 여읜 온전한 비움(虛)을 이루라는 것이다. 나는 이런 '비움'을 이룬 한 성인의 이야기를 읽은 적이 있다.

고대 인도에 신심이 깊은 한 사람이 살고 있었다.
하늘의 신들조차도 그의 믿음을 칭송할 정도였다. 그 성인은 대단히 거룩한 성품을 지녔지만 정작 그 자신은 깨닫지 못하고 있었다. 꽃들이 스스로 의식하지 않으면서 향기를 뿜듯이, 성인은 평범한 일들 속에서 선한 인품을 발산하고 살았다.
어느 날 한 천사가 나타나 그에게 말했다.
"신이 나를 그대에게 보내셨네. 그대가 무엇을 원하든지 신께서 들어주겠다고 약속하셨네. 혹, 치유의 능력을 받고 싶지 않은가?"
성인이 대답했다.
"아닙니다. 신께서 친히 치유하십시오."

천사가 다시 말했다.

"세상에서 방황하는 죄인들을 바른 길로 돌리도록 하고 싶지 않은가?"

"아닙니다. 인간의 마음을 건드리는 것은 제가 할 일이 아닙니다. 천사님께서 직접 하십시오."

"그러면 덕행의 모범이 되어 사람들이 당신을 본받도록 사람들의 마음을 끄는 그런 존재가 되고 싶지는 않은가?"

"아닙니다. 그렇게 되면 제가 관심의 중심이 되지 않겠습니까?"

숱한 질문을 던져도 그의 마음이 동하지 않자 천사가 다시 물었다.

"그러면 도대체 그대는 무엇이 되고 싶단 말인가?"

"신의 은총 외엔 아무것도 바라는 것이 없습니다."

그가 이렇게 대답하자 천사가 강요하듯 말했다.

"아닐세. 그대는 무엇이든 기적을 구해야 하네. 이것이 신의 뜻일세."

신의 뜻이라는 말에 그가 마지못해 이렇게 대답했다.

"정 그러시면 제 소원을 말씀 드리겠습니다. 저를 통해서 좋은 일이 이루어지되, 제 자신이 알아차리는 일이 없게 해주십시오."

"그대의 소원을 신께서 기꺼이 들어주실 것이네."

그때부터 그 성인이 걸어갈 때마다 그의 뒤에 생기는 그림자가 닿은 땅은 치유의 땅이 되었다. 그래서 병자들이 치유를 받고, 땅이 기름지게 되고, 샘들이 다시 솟고, 삶의 고달픔에 시달린 사람들의 얼굴에 화색이 돌게 되었다.

그러나 성인은 그것에 대해 전혀 알지 못했다. 왜냐하면 사람들의 관심이 온통 그의 그림자에만 집중되어 있어서 그 성인을 잊고 말았기 때문이다.

그리하여 자기는 잊혀진 채 자기를 통해서 좋은 일들이 이루어지기를 바라는 성인의 소원은 충분히 성취된 것이다._{앤소니 드 멜로}

자비보다 무심이 낫다

모름지기 이 성인 속에는 '나'라는 것이 없다. 태양이 세상을 비추면서 비춘다는 자의식이 없듯이 성인의 행위는 온전히 신에게 바쳐진 것이다. 그는 자신의 행위가 가져올 열매, 기쁨, 영광을 모두 자기 생명의 주인인 신에게 돌린다. 자비의 씨앗을 뿌려도 그것을 뿌렸다는 의식이 성인에게는 없다.

그러나 우리는 자비를 행하면 그 열매를 우리 자신이 거두어야 한다고 생각한다. 자비를 베풀고 나서 상대가 고마워하지 않으면 배은망덕하다고 여긴다. 이는 자비의 본질을 망각한 것이다. 진정한 자비는 너와 나를 나누지 말아야 한다. 이원적 분리가 전제되면, 그건 자비와는 전혀 상관이 없는 것이다.

그래서 중세 독일의 한 신비가는 그런 '자비보다는 차라리 무심이 낫다'고 말한다. 자비보다 무심이 낫다니? 무심에는 '너'와 '나'라는 분리의식이 없기 때문이다. 나무의 잎새들이나 나뭇가지들이

※ 수리아를 그린 그림

그 모양은 다르지만 모두 한 나무에 속해 있듯이, 우리는 모두 한 근원에 속해 있다. 나무의 뿌리가 잎새와 가지에 수액을 나누어주면서 자비를 베풀었다고 뽐내겠는가.

태양도 마찬가지다. 만물에 빛을 나누어 줄 때 차별이라곤 없다. 선한 사람에게 더 많은 빛을 주고, 악한 사람에게 빛을 덜 주는 일이라곤 없다. 태양은 무심코 만물에 골고루 빛을 비춰준다. 모름지기 태양과 만물 사이에는 '사이'가 없다.

태양 사원을 둘러보는 동안 어느덧 해가 서쪽으로 기울었다.

서쪽 지평선 위로 붉은 황혼이 물들기 시작했다. 우리는 사원 경내에 있는 보리수나무 그늘에 앉아 무더위를 식히다가 사원 밖으로 천천히 발걸음을 옮겼다.

바깥으로 걸어 나오다가 보니, 사원 입구에는 중년 여인 하나가 세밀화를 땅바닥에 펼쳐놓고 팔고 있었다. 남루한 옷차림의 여인이었다. 북인도의 다질링에서 왔다고 했다. 가판대 위에 어지럽게 펼쳐놓은 그림은 신들을 그린 세밀화였다. 누가 그린 그림이냐고 물었더니, 아낙은 수줍은 표정으로 자신이 직접 그린 것이라고 나지막하게 대답했다.

나는 일행과 함께 쭈그리고 앉아 아픈 다리도 쉴 겸 그림 감상을 했다. 종이나 물감의 질은 좀 떨어져 보였지만, 굵은 선과 다채로운 색상으로 그려진 그림에서는 독특한 개성이 느껴졌다.

한참 동안 그림들을 뒤척이다가 나는 태양신 수리아를 그린 그림

한 점을 집어 들었다. 나는 여인이 부르는 대로 돈을 지불했다. 해바라기 머리를 한 어린아이 같은 형상을 한 수리아의 얼굴, 만다라 풍의 느낌을 주는 그림이었다. 약간 어설프게 느껴졌지만 수리아의 짓궂고 천진한 눈매가 맘에 들었다.

어린 태양이라고나 할까! 그렇다. 태양은 늙는 법이 없다. 창조주가 젊듯이 태양은 항상 젊다.

12

모든 굴레로부터 마음을 해방하라

☙ 내 영혼의 광휘를 일깨우는 요가 ❧

요가 수행자는 등불처럼
그 스스로 빛인 자신의 모습을 통해
브라흐만(신)을 경험하니
그에게는 더 이상의 태어남이 없고
아무런 동요도 없다.
그 어떤 요소보다 순수한 그를 알고 나면
이제 모든 굴레에서 해방된다.

슈웨타슈와타라 우파니샤드

영성의 꿀을 채집하는 수행자

해 지는 광경의 아름다움이나 산의 아름다움 앞에 잠시 멈춰 서서 '아!' 하고 감탄하는 이는 벌써 신의 일에 참여하고 있는 사람이라고, 우파니샤드의 현자는 말했다. 왜 그렇지 않겠는가. 우리 앞에 펼쳐지는 아름다운 풍경은 신의 자기현현에 다름 아니니까 말이다. 이때 풍경은 사람을 자기 속으로 끌어들이지는 않지만 그것을 바라보는 사람이 그 풍경 속으로 스며들며 풍경과 일체를 이루는 것이다.

밤늦게 뉴델리 역에 도착했다. 어느덧 인도 여행을 마치고 한국행 비행기를 타기 위해 하루 먼저 공항이 있는 이곳으로 온 것이다. 뉴델리 역 부근의 게스트하우스에 여장을 풀고 하룻밤을 쉬었다. 잠자리가 불편했지만 워낙 고단한 기차 여행을 한 터라 숙면을 취했다. 그러고 나니 딴사람이라도 된 듯 몸과 마음이 상쾌했고 새벽 일찍 잠에서 깨어 부근의 숲으로 산책을 나갔다.

고요히 호흡과 동작에만 집중해 있는 여인.
저 고즈넉한 풍경 속으로 들어가면
나 같은 인간이 지닌 문명의 독성도 가라앉고
쉬이 치유되지 않던 인위의 상처도 치유될 수 있을까.

❋ 숲에서 만난 요가 수행자

인도는 숲의 문화라는 말이 실감날 정도로 숲이 잘 보존되어 있다. 아열대의 나무들이 푸르게 우거져 있었고 까마귀와 비둘기, 파랑새, 깃털이 아름다운 공작새 등이 수선스레 지저귀며 잠에서 덜 깬 듯싶은 숲을 깨우고 있었다. 새들은 나무와 나무 사이를 들고나며 숲을 신생의 기운으로 가득 채웠다. 그 기운을 몸으로 받으며 숲으로 걸어들어갈 때, 나 또한 숲의 일부가 되었다는 안도감과 희열에 젖어들었다.

먼동이 터오고 있었다. 아직 엷은 햇살이 큰 나무들 우듬지를 푸르스름히 물들이고 키 큰 나무의 그늘에 잠긴 키 작은 나무들은 여전히 어스름에 싸여 있었다. 그런데 한 여인이 단풍이 든 나무들 옆에 한껏 몸을 낮춘 자세로 앉아 있었다. 이른 아침이라 한기가 느껴지는지 흰 천을 머리끝까지 뒤집어쓰고 있었다. 마른 풀 위에 앉아 사지를 천천히 움직이고 있는 걸로 보아, 요가 동작을 하고 있는 것 같았다. 동작에 몰입해 있는 여인 가까이 다가가며 발소리를 죽였다.

고요히 호흡과 동작에만 집중해 있는 여인은 풍경의 일부가 되어 부재인 듯싶었다. 없는 듯 있고 있는 듯 없는 풍경이야말로 천연의 아름다움이 아닌가. 인간이 끼어든 풍경 속에서 이런 아름다움을 찾아보기가 어디 그리 쉽던가.

꿀벌이 꽃에 앉아 꿀을 따는 광경을 지켜본 적이 있지만, 여인은 지금 무슨 꽃에 앉아 영성의 꿀을 채집하는지 얼굴 가득 기쁨과 평온이 흘러넘쳤다. 슬로모션처럼 여인의 사지가 움직일 때 주위의 어떤 사물도 알아채지 못하는 것 같았다. 새들의 소란 때문에 숲의 풍경은 능동인 것 같았지만 거의 피동 속에 있는 여인으로 인해 숲은 고요와 적정으로 고즈넉했다. 저 고즈넉한 풍경 속으로 들어가면 나 같은 인간이 지닌 문명의 독성도 가라앉고 쉬이 치유되지 않던 인위의 상처도 치유될 수 있을까.

나는 나무에 기대어 여인의 동작을 잠시 훔쳐본다. 막 자리를 뜨려 할 즈음, 여인은 두 팔을 천천히 하늘로 올렸다 내리며 얼굴을 땅에 대고 낮게 엎드린다. 그러고는 두 팔을 허리 쪽에 붙이고 태아자세로 들어간다. 가장 낮은 자세, 엄마 뱃속에 있을 때의 피동적 자세이다. 몸에는 원초적 에너지를 고이게 하고 마음에는 평화를 가져다주는 자세이다.

여인의 고요한 숨결에 내 숨결이 포개진 듯한 느낌을 간직하고 발길을 돌리려는데, 오래 전에 읽은 이야기 하나가 문득 떠올랐다.

나는 누구인가?

어머니 자궁 속에 있는 태아는 일곱 달이 되면 그 영혼에게 과거와 미래의 지식이 주어진다고 한다. 이때 태아의 영혼은 자신이 과거에 무엇이었으며, 미래에 무엇이 될 것인지를 알게 된다. 삶의 과거와 미래가 파노라마처럼 머릿속을 지나감에 따라 태아는 놀라서 이리저리 꿈틀거리기 시작한다.

태아는 어느 방향으로 가든 장애물에 부딪힐 것이다. 위로 올라가면 위장에 부딪혀 쓰디쓴 위산 때문에 놀라고 아래쪽으로 움직이다가 신장에 부딪히면 매우 짠 기운에 놀라서 다시 움직인다. 신장으로부터 멀어지다가 다시 고약한 악취가 나는 대장에 부딪힌다.

이런 식으로 계속 움직이던 태아는 계속해서 새로운 난관을 만난다. 마침내 절망적이 되어 신에게 도움을 청하는데, 신은 이 가련한 영혼의 울부짖음을 듣고 은총을 베푼다. 신은 태아에게 '소함so'ham'이라는 만트라를 가르쳐준다. '소함'은 산스크리트어로 '그것이 바로 나'라는 뜻이다. 자신이 곧 신이라는 것이다.

소함 만트라를 반복함에 따라 태아는 자신이 '신'과 하나라는 사실을 이해하기 시작한다. 활짝 깨인 의식으로 '소함' 만트라에 몰두하면서 자신의 진정한 본질을 깨달아 점차 고요해진다.

그런데 아홉 달 동안 자란 태아가 어머니의 자궁 밖으로 나오는 순간, '코함 코함ko'ham, ko'ham' 하고 소리를 내며 울기 시작한다(우리나라 아이들은 으앙, 으앙 하고 우는데!). 어머니 뱃속에 있을 때 자신이 신과 하나임을 자각하고 '소함' 만트라를 하던 아이가 세상에 나오면서 그것을 모두 망각하고 '코함, 코함' 하고 울부짖는 것이다. '코함'이란 산스크리트어로 '나는 누구인가?'라는 뜻이다.

〈가르파 우파니샤드〉에 나오는 이 이야기를 들으면 '과연 그럴까?' 하는 의문이 먼저 고개를 쳐든다. 그러나 이 신비로운 이야기에는 그 누구도 부정할 수 없는 진실이 있다. 어머니의 자궁에서 세상으로 나온 모든 인간은 '코함 코함' 하고 울부짖으며 일생을 살아간다는 것. 신과 하나라는 동질성을 깨달은 소수를 제외한 대부분의 사람들은 '나는 누구인가?' 하는 정체성을 찾아 끊임없이 물으며 살아간다.

이 이야기를 떠올리게 한 여인은 여전히 숲 그늘에 앉아 태아자세를 취하고 있다. 그 여인은 신과의 합일 속에 있던 원초적 상태를 그리워하고 있었던 것은 아닐까. 그 속내야 어찌 헤아릴 수 있겠는가마는 세상 어느 누구도 어머니 자궁 속에 조그맣게 웅크리고 있던 태아자세만을 취할 수 있을 뿐 신과의 합일 속에서 지복을 누리던 태아의 상태로는 돌아갈 수 없다. 이는 자신의 진정한 본질을 망각했기 때문이다. 자신의 본질을 망각한 사람은 '나는 누구인가?'를 거듭해서 물으며 살아갈 수밖에 없다. 물론 세상에는 이런 물음조차 지니고 않고 사는 사람이 더 많다.

만일 나와 나 자신을 가르는 심연深淵을 건널 수 없다면 달까지 여행한다고 해서 무슨 소용이 있겠는가? 자기 자신을 발견하는 것이야말로 발견을 위한 모든 탐색들 가운데 가장 중요하다. 자기 자신을 발견할 수 없다면 다른 모든 것은 무용지물일 뿐만 아니라 재앙이 될 것이다.

토마스 머튼

자기 자신을 발견하지 못한 이들에게 '당신은 누구인가?'라고 물으면 그들은 세상의 유한한 것들과 자신을 동일시할 것이다. 자기의 가문이나 육체, 재산, 학벌, 지식, 사회적 지위, 권력 등과 자신을 동일시하여 그중의 어느 하나가 바로 자기라고 대답할 것이다. 그러나 우리는 이처럼 '유한한 것들과의 동일시'로 진정한 행복을 발견할 수는 없다. 그런 행복은 오래 지속되지 않는다. 세속적인 것에서 비롯된 행복은 시간이 빚어내는 환영에 불과하기 때문이다. 그런 환영, 곧 헛것과의 동일시는 우리가 늙어서 죽으면 끝나버리고 만다.

물질적 자아, 불멸의 자아

그렇다면 이 덧없는 것에 끌리는 '나'는 대체 누구일까? 세속적인 것들과의 동일시로 진정한 행복을 찾을 수 없음을 알면서도 거기서 헤어나지 못하는 '나'는 누구일까?

우파니샤드의 현자는 '두 마리 새'의 비유로 우리가 궁금해 하는 이 '자아'의 비밀을 일깨워준다.

언제나 함께 있는 정다운 두 마리 새가
한 그루 나무에 앉아 있다.
한 마리는 행위로 얻은 열매를 계속 쪼아 먹고 있고
또 한 마리 새는 열매를 즐기지 않고
열매를 쪼아 먹는 새를 지극히 응시하고 있다.

같은 나무에 앉아서

※ 벵갈 지역의 한 대학에 벽화로 그려진 두 마리 새 그림

개체아_{個體我}는 자신에게
신의 능력이 없음을 비관하여 슬퍼한다.
그러나 옆의 다른 최고의 신이 있으니
그 위대함을 보고 나면 그때 비로소 슬픔에서 벗어난다.
문다카 우파니샤드

여기서 한 그루 나무는 다름아닌 우리 자신의 육체를 상징한다. 그런데 우리의 육체를 상징하는 그 나무에는 두 마리 새가 다정하게 친구처럼 살고 있는데, 한 마리 새는 열매를 쪼아먹기에만 여념이 없고, 다른 한 마리 새는 열매를 쪼는 새를 지극한 시선으로 응시하고 있다. 현자는 앞의 새를 자신에게 '신의 능력이 없음을 비관하여 슬퍼' 하는 존재라 말하고, 뒤의 새를 '불멸의 존재' 라고 친절하게 일러준다.

앞의 새는 육체와 물질적인 것에 속박된 자아임을 알 수 있고, 뒤의 새는 세속적인 것들에서 자유로우며 삶과 죽음, 슬픔과 기쁨 등에 전혀 영향을 받지 않는 자아임을 알 수 있다. 다시 말하면, 열매를 쪼아 먹기에 여념이 없는 새는 저속한 차원의 경험적 자아를 의미하며, 그것을 조용히 응시하고 있는 새는 업_業에 물들지 않은 청정한 자아를 가리킨다. 우파니샤드의 현자는 앞의 새를 '물질적 자아'라 부르고, 뒤의 새를 '불멸의 자아' 라 명명한다.

이 우화의 결말은 '앞의 새' 가 '뒤의 새' 를 알아볼 때, 그 순간 모든 고통으로부터 자유롭게 되었다는 것이다. 다시 말하면, '물질에 속박된 자아'가 자기를 응시하는 '불멸의 자아'를 깨닫는 순간 덧없는 삶의 고통에서 해방된다는 것이다. 이 불멸의 자아는 곧 우리 속에 거하는 '신(브라흐만)'을 가리킨다. 온 우주 만물에 두루 퍼져 있는 신이 개체 인간 속에 거한다는 것이다. 개체 인간의 몸을 거처로 삼는 그 신을, 우파니샤드에서는 '참자아(아트만)'라 부른다. 그러니까 브라흐만과 아트만은 둘이 아니다. 우주만물에 두루 퍼져 있으면 브라흐만, 만물의 개체 속에 있으면 아트만인 것이다. 이런 이름 공부가 필요한 이유는 우리가 이름과 형상 너머의 신을 깨닫는 데 있다.

그러나 우리는 '앞의 새'처럼 우리 안에 깃든 불멸의 신성을 의심하고, 우리를 사랑하는 신의 사랑을 깨닫지 못할 때가 많다. 그 이유는 무엇일까?

그것은 눈앞에 보이는 것들에 대한 감각적 즐거움에 우리의 마음을 빼앗기기 때문이다. 그것이 돈과 같은 것이든 성적 매력을 발산하는 이성이든, 세상의 숱한 유혹들은 우리의 마음과 감각 에너지를 분산시키며 우리의 눈을 가려 불멸의 신성을 볼 수 없도록 만든다.

그러므로 우리가 자기의 마음을 잘 다스리지 못하면 우리는 신과 소통할 수 있는 통로인 마음을 세속적 향락의 도구로 내어주게 된다. 이때 우리 마음은 '속박의 도구'로 바뀌고 만다. 그러나 마음을 잘 다스릴 수 있다면 우리의 마음은 '해탈의 도구'가 된다. 따라서 우리의 마음은 잘 조절되고 통제되지 않으면 안 된다.

마음의 요정을 다스리는 기술

요가의 대가인 스와미 라마는 어떻게 해야 우리의 마음을 잘 조절하고 통제할 수 있는가를 우화를 통해 깨우쳐준다.

옛날 어느 나라의 왕과 왕비가 전람회장을 방문했다. 그들은 전람회장에 전시된 물건들을 관람하다가 아름답게 조각된 한 상자에 눈길이 갔다. 왕비가 그 상자를 보며 궁금해 하는 표정으로 물었다.

"이 상자 속에는 무엇이 들었소?"

상자를 전시한 사람이 공손히 대답했다.

"이 전시장에 있는 다른 물건들은 사실 아무 것도 아닙니다. 이 상자야말로 참으로 굉장한 것인데, 이것을 소유하시면 세상에서 더 좋은 것은 찾을 수 없을 것입니다."

왕이 물었다.

"이 조그마한 상자에 무엇이 들었길래 그렇게 대단하다는 것인가?"

"폐하, 이것을 작다고 하시면 안 됩니다. 이것은 아주 놀랍고 강력한 힘을 가지고 있습니다. 이 상자 속에는 '요정'이 들어 있는데, 이 요정은 무슨 일을 시켜도 일 초 안에 해치웁니다."

호기심 어린 눈으로 그 상자를 바라보던 왕비가 왕에게 말했다.

"우리는 큰 왕국을 가지고 있는데, 만약 이런 물건을 가질 수 있다면 대단한 행운이 될 것 같군요."

마침내 왕과 왕비는 요정이 든 그 상자를 샀다. 그리고 상자를 들고 왕

궁으로 돌아온 그들은 즉시 요정에게 일을 시켰다.

요정은 왕과 왕비가 시키는 일을 금세 해치웠다. 그러고는 말했다.

"내가 할 일을 더 주세요. 그러지 않으면 당신들을 먹어 버리겠어요."

왕과 왕비는 그날 밤 잠을 잘 수가 없었다. 일을 끝낸 요정이 그 즉시 일을 더하게 해달라고 요구했기 때문이다. 일을 주지 않으면 '당신들을 먹어 버리겠다!'고 소리쳤다. 정말 큰일이었다. 그들은 요정을 어떻게 다루어야 할지 알 수가 없었다. 요정은 다음 할 일을 생각해 낼 수 없을 정도의 속도로 무슨 일이든 해치우고 계속 일거리를 달라고 요구했다.

왕은 마침내 그 나라의 현자인 수상을 불러 자초지종을 설명했다. 얘기를 다 듣고 난 수상이 왕과 왕비를 안심시키고 난 뒤 요정에게 가서 명령했다.

"나는 이 나라의 수상이다. 너는 가서 온 숲 속을 다 뒤져서 가장 큰 대나무를 내게로 가져오너라."

놀랍게도 요정은 일 초 안에 대나무를 가지고 나타났다. 수상이 요정에게 다시 명령했다.

"너는 땅을 파고 이 대나무를 묻어라. 그리고 내가 시키는 일을 하고도 틈이 나면 그때마다 이 대나무 장대를 계속 오르락내리락하도록 하여라."

이렇게 하여 요정은 쉬지 않고 계속 일을 하게 되었고, 왕과 왕비는 그 위험에서 구출되었다고 한다.

이 우화 속의 요정처럼 우리의 마음은 끊임없이 무언가를 요구한다. 우리의 마음은 잠시도 가만히 있지를 못한다. 더욱이 편리와 속도와 효율을 숭상하는 우리는 더 편리하고, 더 빠르고, 더 효율적이

❋ 태양사원에 돌로 조각된 수레바퀴

고, 더 많이 소유하기 위해 바쁘다는 말을 주렴처럼 늘어뜨리고 산다. 보다 많은 움직임을 활동성으로 이해하고, 그런 쉬지 않는 활동이 세속적 성공과 부를 가져다준다고 믿는다.

이처럼 요동치는 우리 마음의 요정을 통제하기 위한 '대나무'로, 우파니샤드의 현자는 요가를 제시한다. 요가는 곧 우리의 마음을 조절하고 통제하기 위해 고안된 영혼의 과학이다. 보통 우리는 요가라고 하면 몸을 꼬고 비트는 '동작'을 떠올리지만, 그것은 요가의 아주 작은 부분에 불과하다. 흔히 여성들이 살을 빼고 아름다운 몸매를 가꾸기 위해 하는 동작 중심의 요가를 '할리우드 요가'라고 부른다. 또 건강과의 관계 등을 학문적으로 접근하는 방식의 요가를 '하버드 요가'라 부르고, 수천 년 동안 전해져 내려온 수행 기술을 체계화, 과학화하여 몸과 마음의 휴식과 조화를 추구하면서 궁극적으로 자아의 완성과 깨달음의 길로 이끄는 요가를 '히말라야 요가'라고 부른다. 물론 이런 구분은 일반 대중이 알아듣기 쉽도록 붙여진 이름이다.

말할 필요조차 없지만 우리가 추구해야 할 요가는 자아의 완성과 깨달음의 길로 이끄는 '히말라야 요가'이다. 우파니샤드에서는 이 요가에 대해 다음과 같이 잘 설명해주고 있다.

아트만을 수레의 주인이라 생각하고
육신을 수레라고 생각해 보라.
지혜를 마부, 그리고 마음을 고삐라 생각해 보라.

감각들을 말이라 하고

감각이 좇는 그 대상들을

말이 달려 나가는 길이라 생각한다면

이렇게 육신과 감각과 마음이 한데 모인 아트만은

마차 안에 들어앉은 주인이다.

지혜인 마부가 마차를 제대로 몰지 못하여

마음인 고삐가 불안정해지면

그 조정을 받는 감각들은 각기 제멋대로 움직인다.

그러나 지혜인 마부가 마차를 잘 몰아

항상 마음을 통제할 수 있으면

그의 말인 감각들은 마부가 길을 잘 들인 말처럼

항상 절도 있게 되는 것이다.

지혜롭고 마음을 잘 통제하여

그로써 영구한 순수함에 도달한 사람은

그 목적지까지 도달하여

이 고통스런 탄생과 죽음의 쳇바퀴 속으로 다시 내려오지 않는다.

분별력 있는 마부,

지혜를 가지고 마음의 고삐를 단단히 쥔 통제력을 가진 사람은

이 세상의 여로를 마치고

널리 퍼져 있는 그 지고의 경지에 도달하게 되리라.

〈카타 우파니샤드〉에 나오는, 사람이 수레를 타고 목적지에 이르

는 것으로 설명하는 이 비유를 읽고 나는 혼자 빙그레 웃었다. 인도의 시골에서 흔하게 보았던 두 마리 소가 끄는 수레가 떠올랐기 때문이다. 농부들이 휘몰아가는 수레에는 푸성귀나 감자 같은 농산물이 실려 있었지만, 그런 수레를 볼 때마다 자연스럽게 '아트만'을 수레의 주인으로 모시고 가는 이 '요가의 비유'가 떠올랐다. 수레를 보지 못한 사람들에게는 이 비유가 쉽게 이해되지 않을지도 모르겠다.

위의 비유를 통해서도 금세 눈치 챌 수 있지만 요가^{Yoga}란 yuj(붙잡아 매다, 결합하다)라는 어근에서 비롯되었다. 말을 몰고 가는 마부가 고삐로 말을 통제하듯 요가는 우리의 마음을 한 곳에 단단히 붙잡아 맨다. 만약 말이 마부에 의해 통제되지 않고 제멋대로 날뛴다면 수레가 엉뚱한 길로 가거나 길 밖으로 굴러떨어지고 말 것이다. 우리의 마음도 마찬가지이다. 조절되고 통제되지 않는 마음은 우리를 방황하게 만들고 신과의 일치를 향해 가는 영혼의 오솔길에서 이탈하게 만든다.

반딧불이는 폭풍에도 빛을 잃지 않는다

이 비유는 우리의 마음 공부가 어떠해야 하는가를 아주 명료하게 일깨워 준다. 우리의 인생 여정에서 말로 비유되는 욕망(혹은 감각)을 잘 다스리지 못할 때 우리는 삶의 향방을 잃고 샛길로 빠지고 만다. 그러나 여기서 잠시 주목할 것은 요가가 우리에게 욕망을 없애라고 주문하지는 않는다는 것이다. 소나 말을 없애고 어찌 수레를 끌고 목적지로 갈 수 있겠는가. 다만 소나 말들을 고삐로 제어하듯 우리의 욕망을 잘 제어하여 생의 목적지까지 잘 도달할 수 있도록 하라는 것이다. 이런 의미에서 우리는 인간의 욕망 자체를 부정하면 안 된다. 살아 있음 자체가 욕망 아닌가. 식욕, 성욕, 수면욕, 자기 보존욕과 같은 가장 기본적인 욕망을 부정하면 삶을 부정하는 것이 된다. 다만 저급한 차원의 것들에 쏠리는 욕망의 에너지를 하나로 모아 숭고한 목적을 위해 사용해야 한다는 것이다.

그 숭고한 목적은 말할 것도 없이 윤회를 끝내고 해탈에 이르는 것이다. 하지만 해탈, 곧 완전한 자유에 이르는 그 여정이 결코 쉬운 것은 아니다. 붓다는 완전한 자유에 이르기 위해 부귀영화가 보장된 왕국을 포기하고 숱한 고행과 시련의 가시밭길을 걸어야 했고, 예수는 기득권을 가진 자들의 모멸과 박해, 그리고 끝내는 십자가 처형을 당하는 고난을 겪어야 했다.

그럼에도 그들이 그 자유의 산봉우리에 우뚝 설 수 있었던 것은 자기 속에 빛나는 영혼의 광휘를 매 순간마다 자각하고 있었기 때문이다. 살아 있는 인도의 요기인 스와미 웨다는 그런 자각을 이렇게 노래한다.

촛불은 부드러운 미풍에도 꺼진다.
그것은 바깥에 있는 것에 의해 점화되기 때문이다.
반딧불이는 폭풍에도 빛을 잃지 않는다.

❋ 시바교 사두

그 빛이 자기 안에 있기 때문이다.

이 아름다운 잠언처럼 어둠을 밝히는 반딧불이의 빛은 그 존재의 내부에 있다. 그 내부에 있는 빛이 폭풍에도 빛을 잃지 않듯이, 요가 수행을 통해 자기 안에 살아 있는 '참자아'(아트만)를 자각하고 사는 사람은 폭풍이 휘몰아치는 세속의 바다를 건너면서도 그 영혼의 자유를 잃지 않는다. 우파니샤드의 현자가 일러주는 가르침도 이와 다르지 않다.

> 요가 수행자는 등불처럼
> 그 스스로 빛인 자신의 모습을 통해
> 브라흐만(신)을 경험하니
> 그에게는 더 이상의 태어남이 없고
> 아무런 동요도 없다.
> 그 어떤 요소보다 순수한 그를 알고 나면
> 이제 모든 굴레에서 해방된다.
> 슈웨타슈와타라 우파니샤드

이처럼 요가는 궁극적으로 자기 안에 광휘로 빛나는 '참자아'를 발견하고 우주의 주재인 '신'과 일체가 되어 그 희열을 맛보는 일이다. 신의 궁극적 본성인 희열, 융융한 희열에 동참하는 일이다. 그 희열은 우주의 모든 존재가 본래 머무르던 고향이며 어머니의 안온

한 품과도 같다. 그 희열은 순간의 황홀이 아니라 지속적인 마음의 평정이다.

　이처럼 지속적인 마음의 평정을 누리는 사람, 그가 진정한 요기다. 그는 벌들이 가시덤불에서도 꿀만을 따 모으듯이, 고통의 블랙홀 같은 세상에서도 견인堅忍의 지혜로움으로 살아가고, 융융한 희열을 세상의 모든 존재들과 나누고, 그 무한한 환희를 발산하며 산다.

　그는 숨 쉬는 순간마다 숨의 근원이 자기와 하나임을 자각하며, 모든 피조물을 신의 현현으로 받아들여 신처럼 공경한다. 그는 땅별의 존재임을 부정하지도 않지만, 땅별의 존재가 아닌 것처럼 산다. 그는 이유 없이 살며, 이유 없이 사랑한다. 그는 자비로운 신이 자기를 바라보는 그 자비의 눈으로 세상을 바라보고 세상을 사랑한다.

　그렇다면 지금 내 마음 공부는 어느 지점쯤 와 있는 것일까. 눈을 들어보면 아직도 내가 올라야 할 영혼의 산정山頂은 까마득하기만 하다. 그래도 난 이제 스스로 보채지 않으련다. 인도 여행에서 만난 순례자들, 수행자들 가운데 그 어느 누구도 이렇게 또는 저렇게 살아야 한다고 보채듯 말하지는 않았다. 우파니샤드의 성자들도 내 등을 떠밀며 저 봉우리를 어서 올라가라고 독촉하지 않았다. 그들은 다만 눈짓으로, 그윽한 미소로 무언의 메시지를 던져주었을 따름이다.

　이쪽 기슭에만 눈길을 고정시키지 말고 저쪽 기슭에도 눈길을 던져보라고!

이제 오늘 저녁, 나는 긴 여정 동안 만난 모든 인연들에 대해 고마움을 안고 비행기 트랩을 오를 것이다. 아쉬운 마음에, 비행기가 이륙하기 전 작은 창을 통해 드넓은 비행기 활주로를 내려다볼 것이다. 인도의 하늘 아래 고요히 정지해 있는 비행기들, 활주로 위를 천천히 굴러가는 비행기들도 볼 것이다.

나는 그렇게 서 있거나 굴러가는 비행기들을 보며 생각할 것이다. 비행기는 활주로 위에 서 있거나 활주로 위로 굴러가기 위해서만 존재하는 것이 아니다. 날개를 펼치고 푸른 하늘로 날아오르기 위해 존재한다. 그렇지만 비행기는 하늘에만 떠 있을 수는 없다. 떠 있어서도 안 된다. 비행기는 또 다른 활주로에 착륙해야 한다.

비행기가 한국 공항에 착륙하면 집으로 가면서 또 생각할 것이다. 집으로 돌아가더라도 내 여행은 계속될 것이다. 나는 이 땅별에 여행자로 와 잠시 머물러 있는 것이므로. 여행자의 마음으로 사는 것이 진정 내 영혼을 살아 있게 할 것이므로.

홀연히 떠나야 할
순간이 다가오면

홀가분히 떠날 수 있도록
그대의 삶을
항상 가볍게 하라.
졸고, 《1분의 지혜》 중에서

| 책에 나오는 신들과 주요 용어 해설 |

- 가네샤 Gaṇeśa : 시바와 파르바티의 아들로 코끼리 신. 부와 학문의 신.
- 가야트리 Gayatri : 창조의 신 브라흐마의 부인. 또는 3×8음절로 진행되는 운율의 일종.
- 강가 Ganga : 갠지스 강을 가리키기도 하는 강의 여신.
- 나타라자 Nataraja : 춤의 왕이라는 뜻의 시바 신의 별칭.
- 난디 Nandi : 시바가 타고 다니는 황소 이름.
- 다르마 Dhama : 응당 지켜야 할 법(法).
- 두르가 Durga : 악마 마히샤를 물리치기 위해 여러 신이 자신의 무기를 내놓아 만든 막강한 여신. 시바의 아내로 간주됨.
- 라다 Rādhā : 크리슈나의 연인. 락슈미의 화신으로 간주됨.
- 락슈미 Lakṣmi : 비슈누의 부인.
- 링가 Linga : 남성의 성기를 신상으로 모신 것.
- 마누 Manu : 인류의 조상. 브라흐마의 아들.
- 마야 Māyā : 고대 인도의 베단타학파의 술어로서, 환영(幻影)과 허위(虛僞)에 충만한 물질계. 또는 그것을 주는 여신의 초자연력을 이르는 말.
- 마하바라타 Mahabharata : '대인도제국의 노래'라는 뜻의 고대 인도의 서사시.
- 목샤 Mokṣa : 해탈(解脫).
- 미투나 Mithuna : 남녀의 성적 결합을 그린 조각이나 그림.
- 바가바드 기타 Bhagavad Gita : 마하바라타의 한 부분으로 크리슈나가 영웅 아르주나에게 설법한 것의 기록이지만, 독립된 경전으로 받아들여지고 있다.
- 바유 Vāyu : 바람의 신.
- 베다 Veda : 브라흐만교의 경전.
- 붓다 Buddha : 비슈누의 아홉 번째 화신. 또는 불교의 깨달은 자.
- 브라흐만 Brahman : 우주의 근본 원리이자 힌두교의 유일신.
- 비슈누 Viṣṇu : 유지의 신.
- 사비트리 Savitr : 태양을 고무하고 격려하는 힘을 신격화한 것. 격려의 신. 브라흐마의 부인으로 사라스바티와 동일한 여신.

- 사티 Sati : 시바의 아내.
- 샤티 Śakti : 시바 신의 힘의 원천.
- 수리아 Sūrya : 태양의 신.
- 스칸다 Skanda : 시바 신의 아들로 태어나 하늘 군대의 장군이 되었다.
- 시바 Śiva : 파괴의 신.
- 아그니 Agni : 불의 신.
- 아난다 Ānanda : '환희' 또는 '티 없는 기쁨' 이라는 뜻. 《우파니샤드》에서 브라흐만의 중요한 속성의 하나로 간주됨.
- 아르주나 Arjuna : '하얗다' 라는 뜻이며, 인드라 신의 별칭. 마하바라타의 판다바 형제의 셋째 아들로, 인드라 신의 정기를 받고 태어난 최고의 용사이다.
- 아쉬람 Ashram : 수행처이자 암자.
- 아트만 Atman : 순수 자아(또는 참자아)로 만물과 인간 속에 있는 불멸의 신성을 가리킨다.
- 야마 Yama : 죽음의 신. 염라대왕.
- 옴 Oṃ : 우주의 모든 진동을 응축한 근원의 소리.
- 요니 Yoni : 여성의 성기. 언제나 링가와 함께 있다.
- 유디슈트라 Yudhisthira : 마라바라타의 판다바 형제의 맏이.
- 인드라 Indra : 베다 시대 최고의 신으로, 비와 천둥의 신.
- 자간너트 Jagannath : 비슈누 혹은 크리슈나의 화신으로 알려져 있음. 인도 오리사 주의 푸리에 가면 자간너트 신을 모시는 사원이 있다.
- 카르마 Karma : 업(業). 미래에 선악의 결과를 가져오는 원인이 된다고 하는, 몸과 입과 마음으로 짓는 선악의 소행을 가리킨다.
- 카스트 Caste : 인도의 전통적인 계급제도.
- 칼리 Kali : 두르가의 맹렬한 측면이 인격화된 무시무시한 여신.
- 크리슈나 Krishna : 힌두교 신화에 나오는 영웅신. 악한 왕을 죽이고 많은 악귀·용왕을 퇴치하였으며, 농업과 목축을 관장하였다. 서사시 《마하바라타》의 주요 인물이기도 하다.
- 푸루샤 Puruṣa : 우주 창조의 재료가 되었던 최초의 거인. 또는 아트만과 동의어.
- 푸자 Pūzā : 힌두교의 제사 행위.
- 프라자파티 Prajāpati : 조물주. 힌두교 시대가 도래하기 전 최고의 신이 되기도 하며, 브라흐마 신의 다른 이름이라고 일컬어지기도 한다.
- 프라크리티 Prakṛti : 우주의 근본 질료.

참고 문헌

- 기탄잘리 수잔 콜라나드 지음, 박선영 옮김, 《인도》, 휘슬러, 2005
- 김형준 엮음, 《이야기 인도신화》, 청아출판사, 1994
- 데이비드 갓맨 엮음, 정창영 옮김, 《있는 그대로》, 한문화, 1998
- 도나 조하 · 이안 마셜 지음, 조혜정 옮김, 《SQ》, 룩스, 2001
- 디완 찬드 아히르 지음, 이명권 옮김, 《암베드카르》, 에피스테메, 2005
- 디팩 초프라 엮음, 이현주 옮김, 《루미의 사랑노래 타골의 죽음노래》, 한국기독교연구소, 2001
- 라다크리슈난 지음, 이거룡 옮김, 《인도철학사 I, II》, 한길사, 1996
- 리처드 워터스톤 지음, 이재숙 옮김, 《인도》, 창해, 2005
- 매튜 폭스 엮음, 김순현 옮김, 《마이스터 엑카르트는 이렇게 말했다》, 분도출판사, 2006
- 매튜 폭스 지음, 김순현 옮김, 《영성: 자비의 힘》, 다산글방, 2002
- 미르치아 엘리아데 지음, 정위교 옮김, 《요가: 불멸성과 자유》, 고려원, 1990
- 박효엽 지음, 《처음 읽는 우파니샤드》, 웅진지식하우스, 2007
- 비노바 바베 지음, 김문호 옮김, 《천상의 노래: 바가바드 기타 이야기》, 실천문학사, 2002
- 비드야 데헤자 지음, 이숙희 옮김, 《인도 미술》, 한길아트, 1997
- 사이다케오 지음, 이만옥 옮김, 《인도 만다라대륙》, 들녘, 2001
- 사티쉬 쿠마르 지음, 정도윤 옮김, 《그대가 있어 내가 있다》, 달팽이, 2004
- 석지현 뜻풀이, 《바가바드 기타》, 일지사, 1992
- 소갈 린포체 지음, 오진탁 옮김, 《티베트의 지혜》, 민음사, 1999
- 수렌드라나트 다스굽타 지음, 오지섭 옮김, 《인도의 신비사상》, 영성생활, 1997
- 스와미 라마 지음, 이태영 옮김, 《요가, 그 깨달음의 세계》, 여래, 2002
- 스와미 묵타난다 지음, 류시화 옮김, 《너는 어디로 가고 있는가》, 성정출판사, 1989
- 스와미 웨다 바라티, 고진하 옮김, 《1분의 명상여행》, 꿈꾸는 돌, 2004
- 스와미 웨다 바라티, 윤규상 옮김, 《만개의 태양》, 아함신, 2007
- 스와미 치트아난다 지음, 김석진 옮김, 《인도신화》, 북하우스, 2002
- 앤밴크로프트 지음, 양억관 옮김, 《20세기의 신비사상가들》, 정신세계사, 1993

- 에크낫 이스워런 지음, 《죽음이 삶에게 보내는 편지》, 이명원 옮김, 예문, 2005
- 에크하르트 톨레 지음, 노혜숙 옮김, 《지금 이 순간을 살아라》, 양문, 1997
- 이거룡 지음, 《아름다운 파괴》, 거름, 2000
- 이거룡 지음, 《이거룡의 인도 사원순례》, 한길사, 2003
- 이민숙 지음, 《비베카난다》, 하남출판사, 2006
- 이재숙 옮김, 《우파니샤드 I, II》, 한길사, 1996
- 정찬영 옮김, 《라마크리슈나》, 한문화, 2001
- 조셉 캠벨 지음, 이윤기 옮김, 《신화의 힘》, 고려원, 1992
- 차창룡 지음, 《인도신화기행》, 북하우스, 2007
- 라빈드라나드 타고르 지음, 김병익 옮김, 《기탄잘리》, 민음사, 2001